人类进化简史

[意] 弗朗切斯科 · 托马斯内里◎著

[意] 玛格丽特 · 博林◎绘

黄丽媛◎译

甘肃科学技术出版社

目录

一个没有结尾的故事

人类进化的历史非常复杂，很多人认为，人类的进化是一个不断向前的过程，是从类人猿一步一步进化到今天的样子，每一次进化都更加现代。

但事实可能并非如此。

远古时期，几个人种同时生活在一片大陆上，甚至生活在同一个地域。科学家和人类学家是通过人类的化石遗骸进行研究的，他们不能确切地知道，哪个人种在当时更先进一些，最后幸存下来的人种是不是最先进的那一个。

虽然，今天的研究成果是最新的和被认为是最接近现实的，但未来某一天，新的发现可能会颠覆我们现在的观念。

无论是人类的过去，还是人类的将来，科学的进步和创新，一定会让我们逐渐了解人类过去是什么样子的，以及将来是什么样子的。

也许，这是个没有结尾的故事。

回到过去

人类历史的研究是一个繁杂的工程，会涉及许多学科。借助强大的计算机技术，这项研究的时间跨度可以从百万年前的化石开始，一直到现在对人类遗传密码的探索。

一批科学家致力于研究南方古猿（已灭绝的人类可能祖先之一）的化石骨架。

让时光倒流：地球上的原始生命

大约40亿年前，地球上就出现了最早的生物，它们以简单的微生物和细菌祖先的形式存在，直到5.5亿年前，它们才以我们今天看到的更复杂的生命形式存在。

在海洋中，它们是诸如三叶虫、乌贼等的无脊椎动物。大约3亿年前，两栖动物来到陆地，然后是爬行动物和大名鼎鼎的恐龙，最后是哺乳动物。在过去的700万~600万年间，人类的进化历程才真正开始。

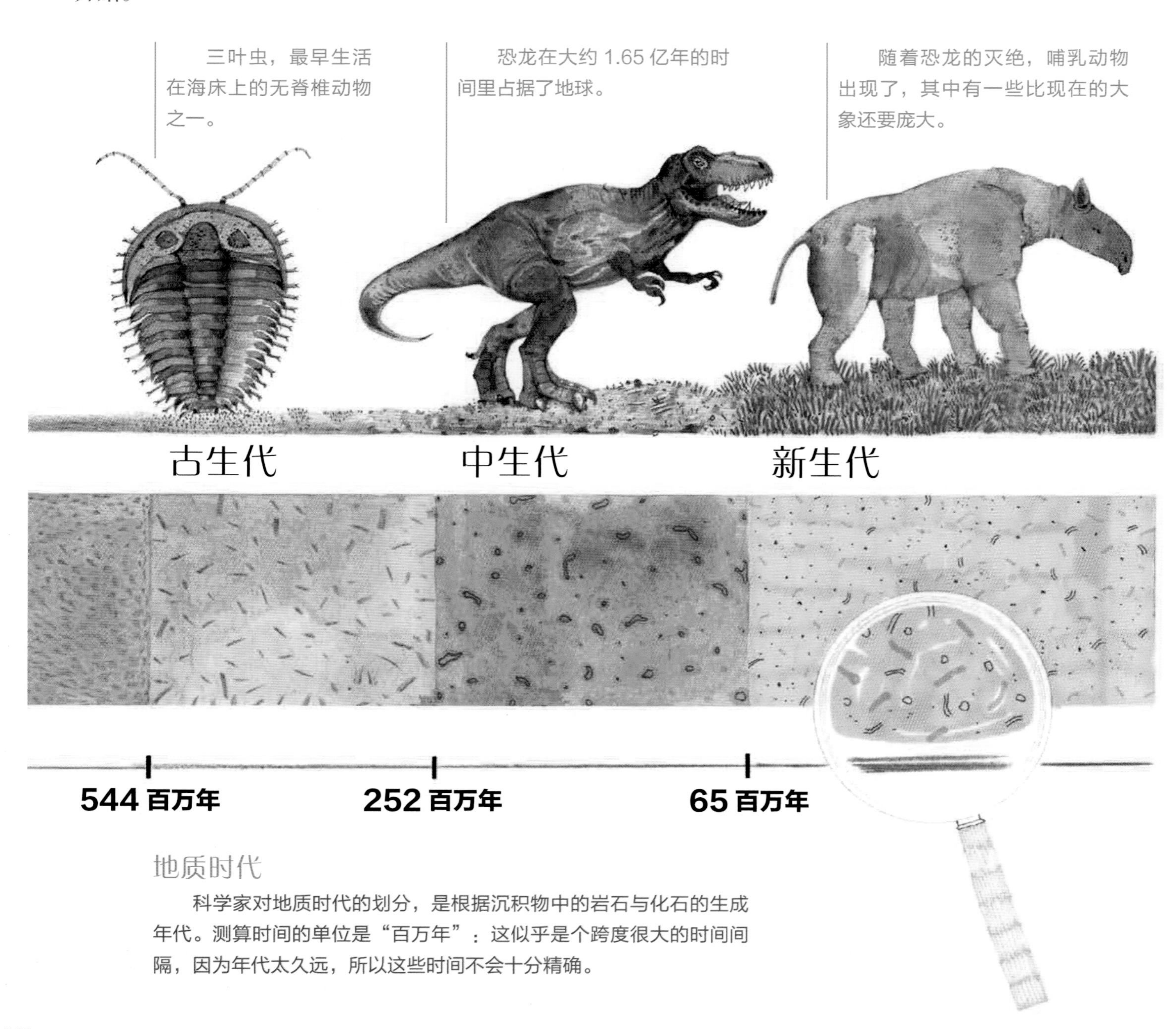

三叶虫，最早生活在海床上的无脊椎动物之一。

恐龙在大约1.65亿年的时间里占据了地球。

随着恐龙的灭绝，哺乳动物出现了，其中有一些比现在的大象还要庞大。

地质时代

科学家对地质时代的划分，是根据沉积物中的岩石与化石的生成年代。测算时间的单位是“百万年”：这似乎是个跨度很大的时间间隔，因为年代太久远，所以这些时间不会十分精确。

最新的来客

在地球生命的历史长河中，人类是最后一刻才出现的。如果我们把一年当作所有动物出现的 5.5 亿年，人类（或者确切地说，是人类与猿猴非常相似的祖先）只是在最近 700 万~600 万年才出现，也就是说，在一年中的最后 5 天才出现。

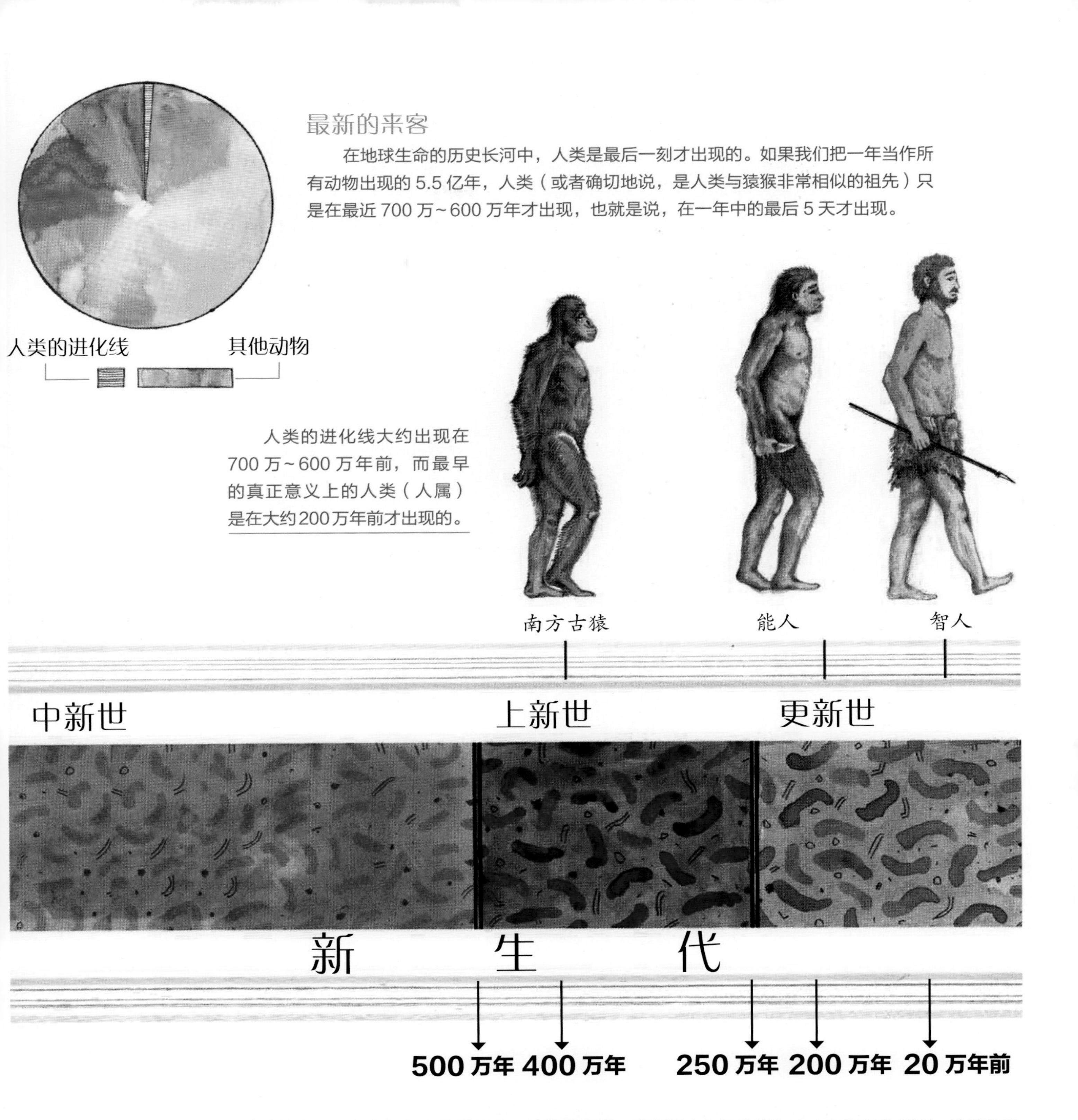

人类的进化线大约出现在 700 万~600 万年前，而最早的真正意义上的人类（人属）是在大约200万年前才出现的。

搞清楚岩石有多少年历史非常困难。某些情况下，我们靠古老的熔岩和火山灰沉积物判断。这些沉积物含有放射性物质，可以拿到实验室里估算岩石的年龄。但有时候，能用的就是已知的化石，通常是水生生物的化石，它们只在特定的时间段内大量存在，从而成为某个特定时期的“签名”。

达尔文麦塞尔猴（*Darwinius masillae*）是一种古老的物种，这是世界上最古老并且保存最为完好的哺乳类动物化石之一，其历史可以追溯到 5000 万年前。化石不仅保留了完整的骨骼，甚至还有一些身体组织和皮毛的痕迹——可以看到在骨头周围有一些颜色更深的印记。

化石：过去的痕迹

化石是曾经存在的有机体遗留下来的一部分，也是古生物学研究的主要对象。古生物学是试图重建地球生命史的一门学科。通常，已经变成化石的动物会失去肌肉、内部器官和皮肤，但骨骼和其他坚硬的部位（比如甲、角）会完好地保存下来，成为岩石的一部分。

像达尔文麦塞尔猴这样高质量的化石，虽然可以让我们获得有关动物躯体的宝贵信息，但动物皮毛的颜色，却只能从今天的类似物种身上去推测。

想要获得一块高质量的化石，得需要一连串的好运。

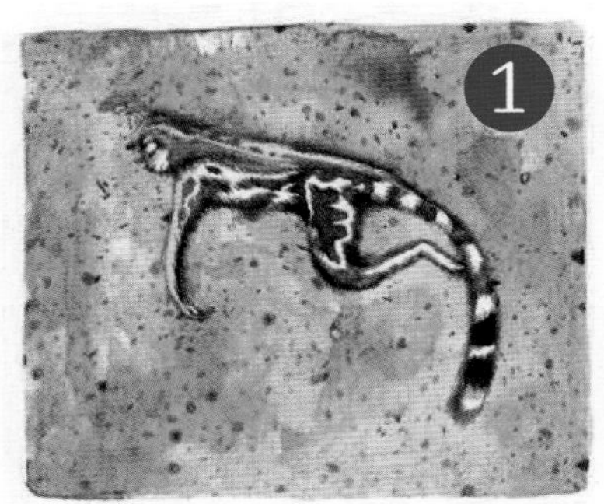

1 死掉的动物不能被其他动物吞食，必须保持完整。

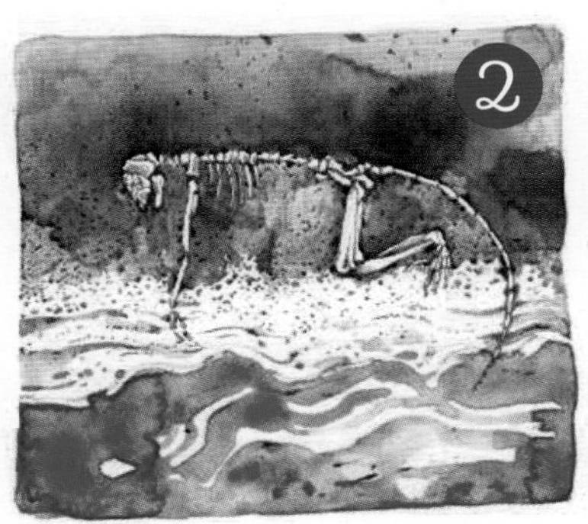

2 理想的情况是，动物尸体很快被缺乏氧气的泥层覆盖，这样就限制了微生物的活动，骨骼才能长时间保存。

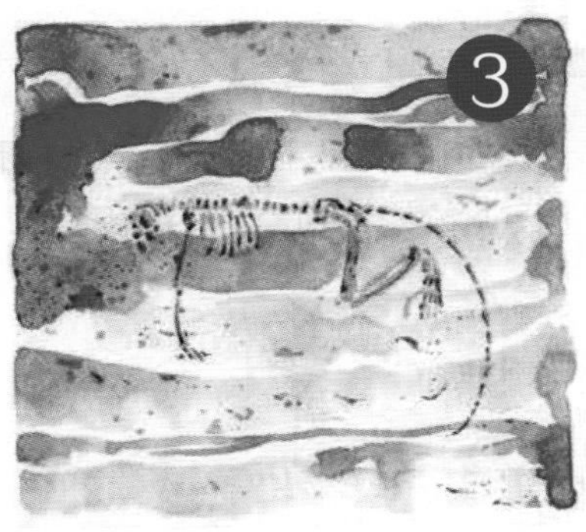

3 沉积物一层一层堆积，并且不断压缩下方的沉积层，使之变成岩石，这个过程叫作岩化作用。

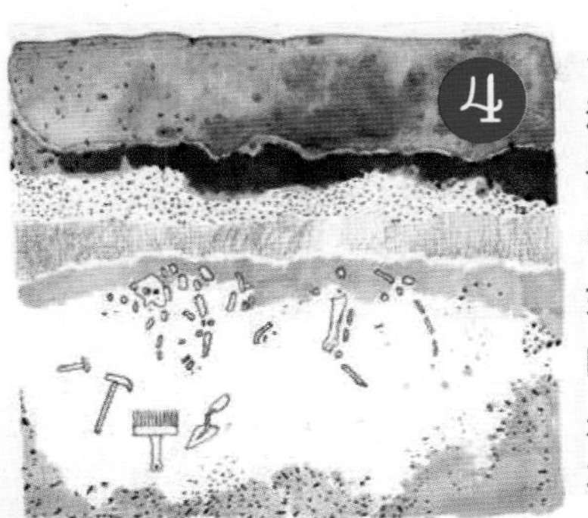

4 沉积物的压缩和移动会使骨骼变形，这让我们今天重塑化石中的骨架变得很困难。好在达尔文麦塞尔猴的骨骼没变形：这就是为什么它的骨架化石如此珍贵。

人类遗留的信息

我们对人类祖先的了解，特别是那些最古老的祖先，几乎都来自化石。遗憾的是，大部分情况下，只能找到部分骨架或零星碎片，这考验着科学家的检测技能。那些古人类学家——专门研究人类的古生物学家，要利用碎片完成“拼图”，并搞清楚这些骨骼碎片可能属于哪一个人种。

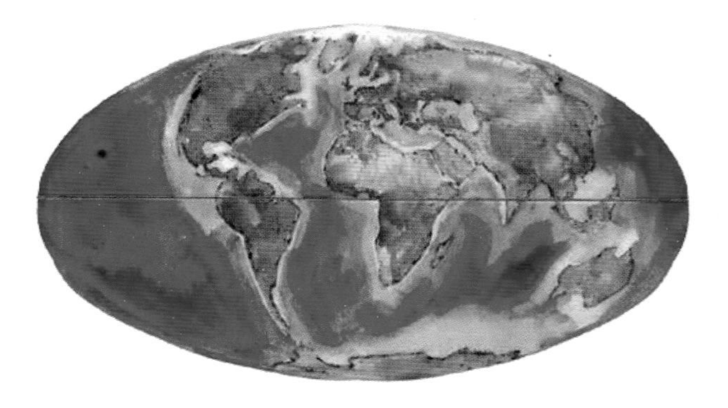

200万年前的世界

当人类的足迹遍布地球时，各大洲陆地的面貌已经与今天十分相似，但是海岸和海峡的轮廓与今天有所不同。它们常常随着海平面的波动而变化，这是气候变化造成的。这使人们对化石的研究和对人类祖先生活的重建变得更加复杂。

像一块拼图

找到一块数百万年前的完整头骨是很难的，因为地球的压力会让头骨分裂（头骨内部是中空的，所以很容易变形），碎片散落到沉积层中。收集散落的头骨，并重塑头骨，这项工作十分费力，可这又是恢复化石身份的最重要步骤。

头骨中缺失的部分可以用橡皮泥和树脂填充，以此来完整展示。这样，有关大脑体积、感官、饮食等大量信息都可以从化石中获取。

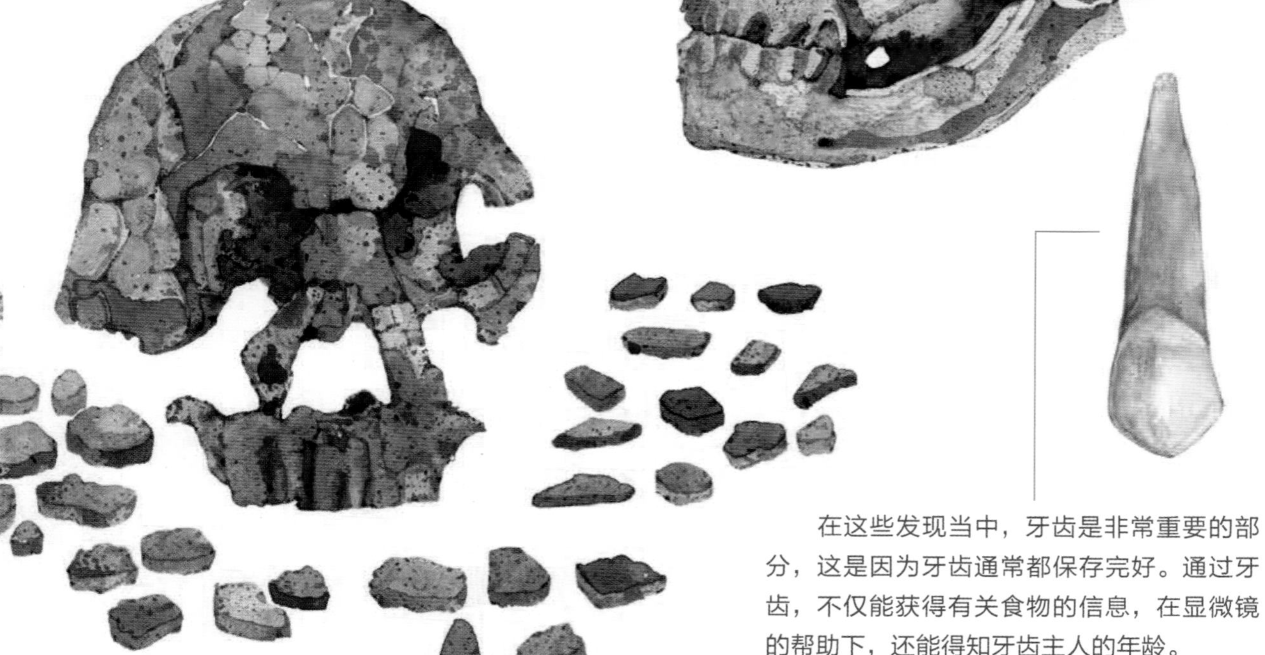

在这些发现当中，牙齿是非常重要的部分，这是因为牙齿通常都保存完好。通过牙齿，不仅能获得有关食物的信息，在显微镜的帮助下，还能得知牙齿主人的年龄。

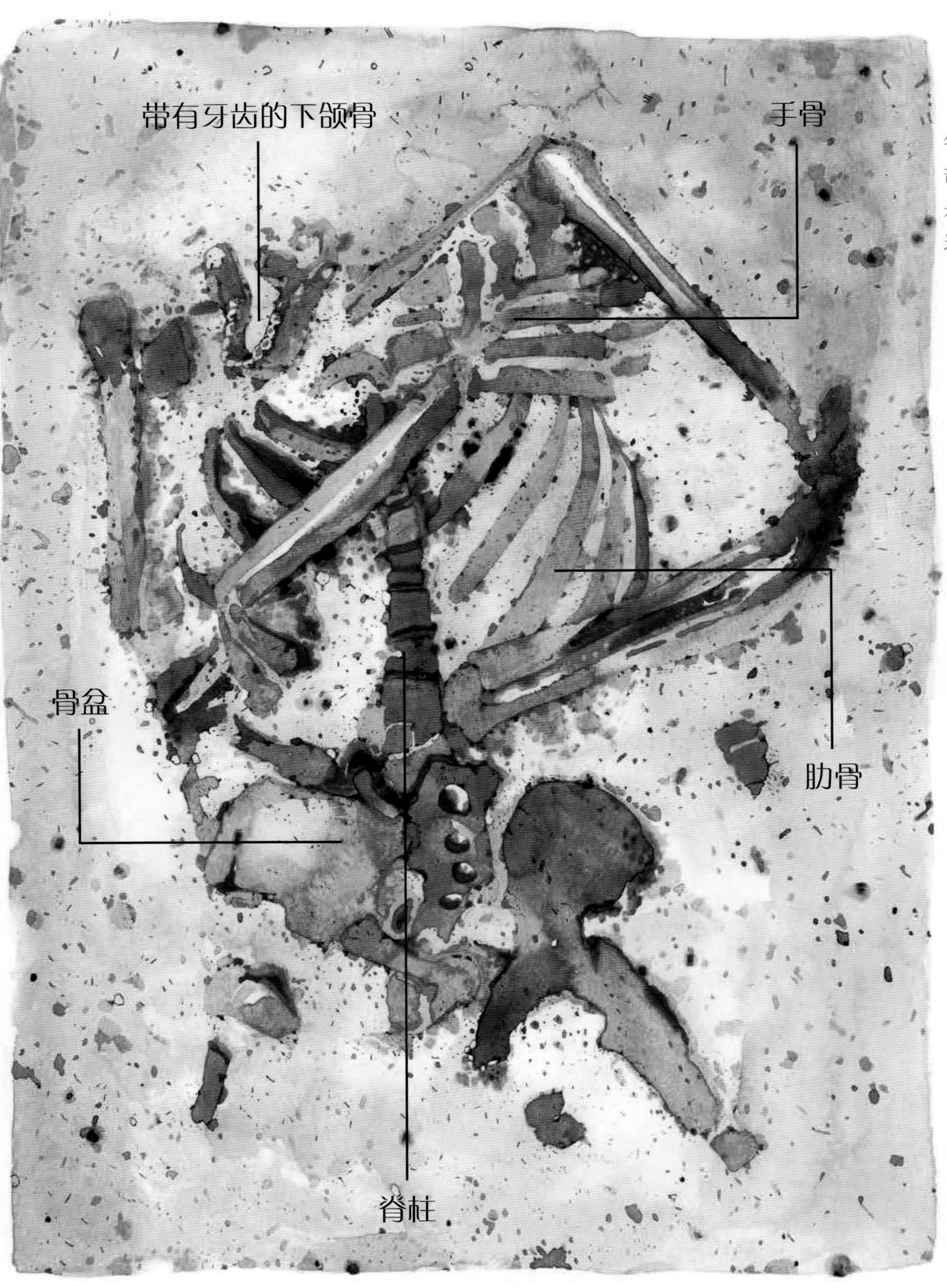

这是大约 6 万年前尼安德特人的部分骨骼。幸运的是，大部分骨骼都连在一起。

文物发掘地的科学

发掘现场的工作非常复杂，要对所有化石进行分类，还要亲手把化石从土里挖出来。来自不同学科的专家同时工作，有古生物学家、研究岩石的地质学家，还有研究各种碎片的其他科学家。

挖掘现场经常使用精密的工具，例如用来调查地面稳定情况的地震传感器，还有用来构建挖掘现场三维图像的专用相机和激光传感器。

木板对挖掘现场非常重要，工作人员可以在木板上走动，以保护现场的土层。

挖掘化石主要靠双手和一些简单的工具，如小锤子、凿子、镊子、铲子和刷子等，这些工具已经用了近百年，没有什么变化。

科技协助

显微镜

显微镜可以检测岩石中的矿物质比例。这样，科学家就能确定发掘物中所含矿物的来源。

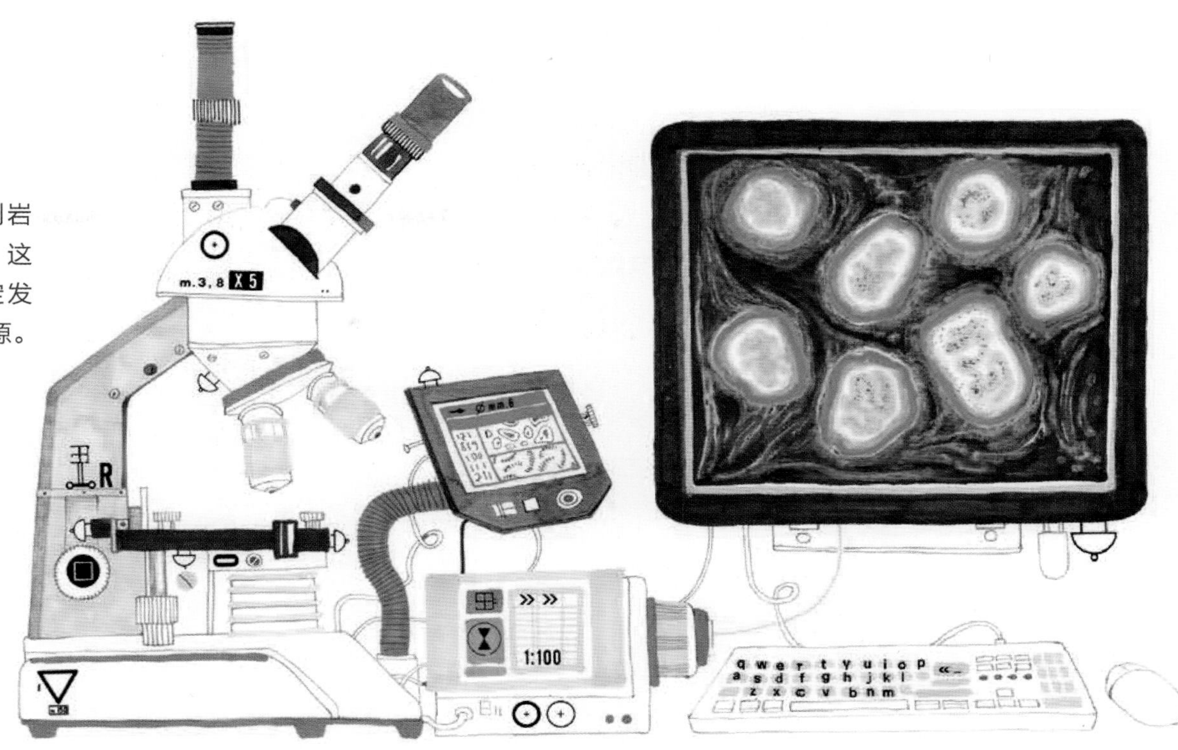

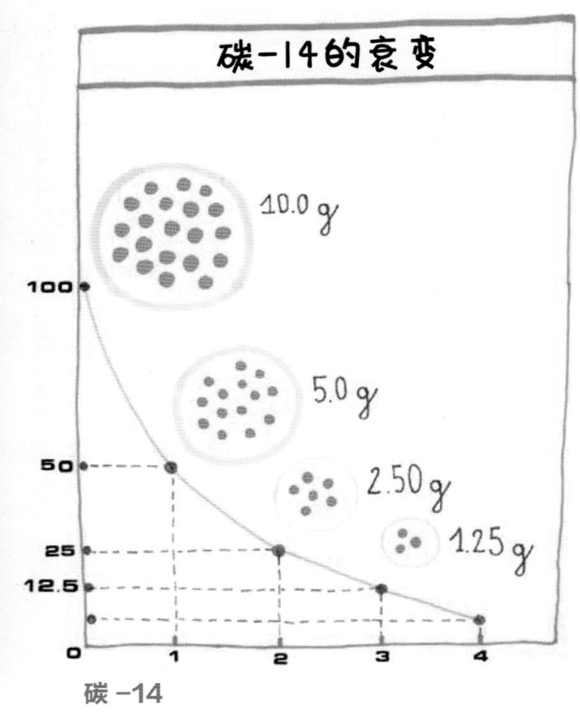

碳 -14

碳元素会随时间的流逝发生变化，在实验室进行技术分析后，能推断出发掘物的年龄，大约可以追溯到 5 万年前。

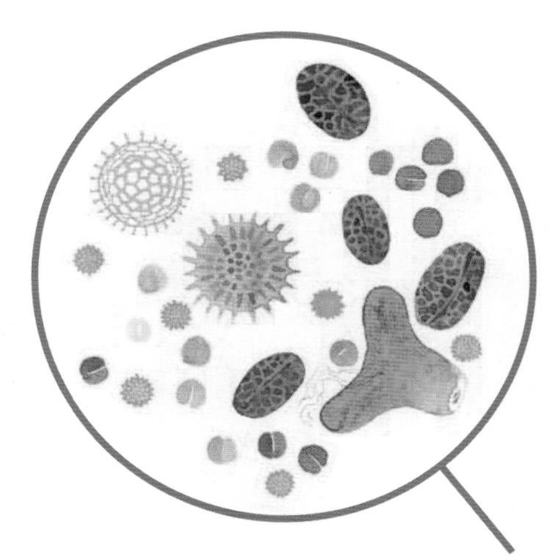

花粉

把从土中提取的微小花粉粒，放在显微镜下观察，就能识别当时存在的植物。多亏了这些植物，研究人员才有可能获得当时有关平均温度和湿度的信息。

让化石“活”过来

想象原始人类的外貌，然后创建三维模型，这种尝试在过去搞得相当粗糙，而且充满争议。

今天，我们已经了解了很多有关人类祖先化石的知识，可以利用更先进的技术更好地完成这个工作。

建立优质模型，要从头骨开始，头骨要尽可能完整。这样我们就像使用医疗扫描仪观察骨头似的，“看到”头颅内部的细节，甚至能获得有关肌肉组织的信息。

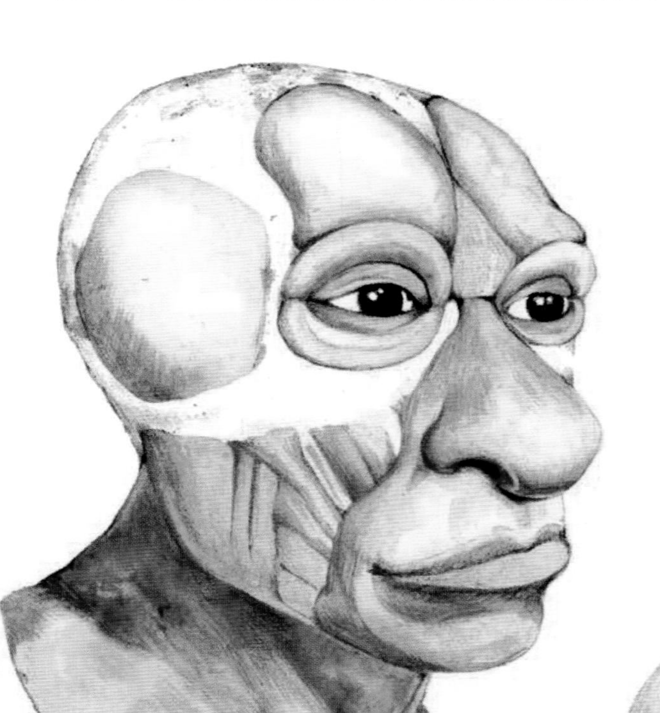

头骨模型建立了，下一步是根据比较解剖学的原理，确定肌肉的位置。技术人员通常会参照现代人类和大型猿猴的肌肉位置，位置确定后，就可以用树脂和黏土制作“肌肉”了，接下来是将“肌肉”定型在模型内。

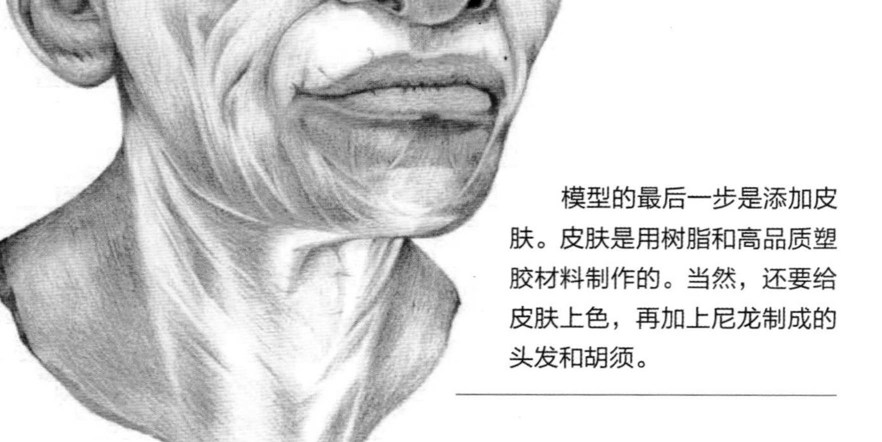

模型的最后一步是添加皮肤。皮肤是用树脂和高品质塑胶材料制作的。当然，还要给皮肤上色，再加上尼龙制成的头发和胡须。

尼安德特人

这就是生活在 5 万年前的尼安德特人模型，他的面部经过了精心塑造。

特殊工匠花费了几百个小时，才完成这件十分精致的作品，他们被称为“古艺术家”。正如我们看到的，尼安德特人已经与我们非常相似，但他们的鼻子更大更宽，眼睛上方的骨弓更厚，外形更为粗壮厚实。

人类早期生活方式

研究早期人类的身体结构，能了解他们的一些生活方式。考古现场发掘的物品也能提供这方面的信息，比如原始的武器和劳动工具。随着时间的推进，逐渐出现了具有装饰性和象征意义的物品，比如项链、护身符、小型雕塑等，还有岩壁上的雕刻和精美的岩石壁画。

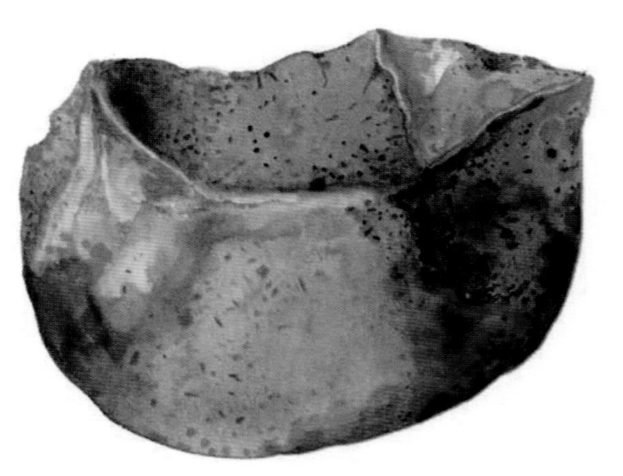

据说，这是人类制造的第一个真正的石制工具：一块一边被打磨锋利的石头，用来切割物品。它的历史可以追溯到 200 万年前。

这是用石头和木棒巧妙制作的斧头，石头穿过木棒，牢牢固定在上面。

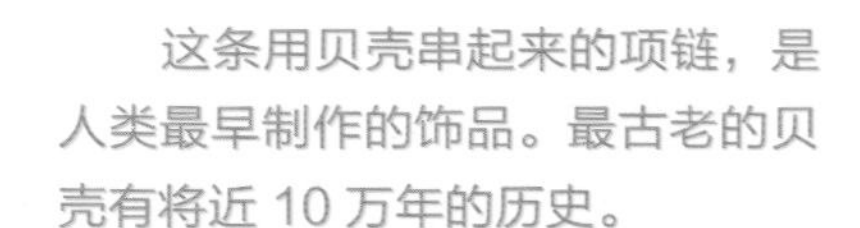

这条用贝壳串起来的项链，是人类最早制作的饰品。最古老的贝壳有将近 10 万年的历史。

这是南非布隆伯斯洞穴里的精美画作，距今约有 7.7 万年，是目前发现的最古老的复杂画作。

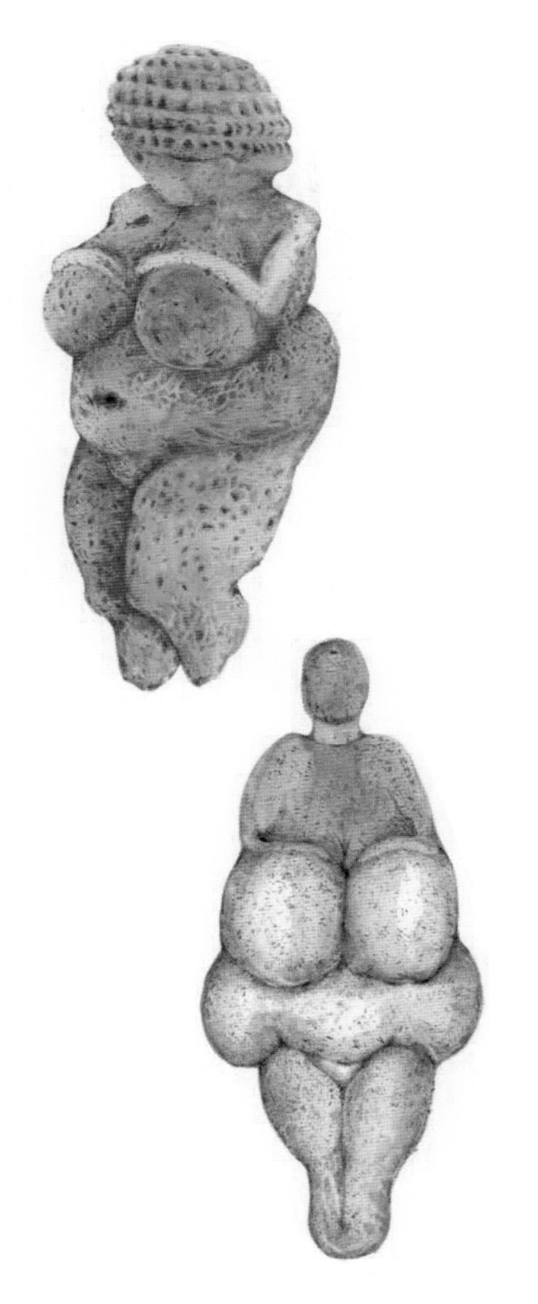

这些精心雕刻和抛光的风格化女性形象，被称为“维纳斯”，是在欧洲的一些地方找到的，据说其历史可追溯到上万年前，有人甚至认为是智人的作品，但这些都是猜测。

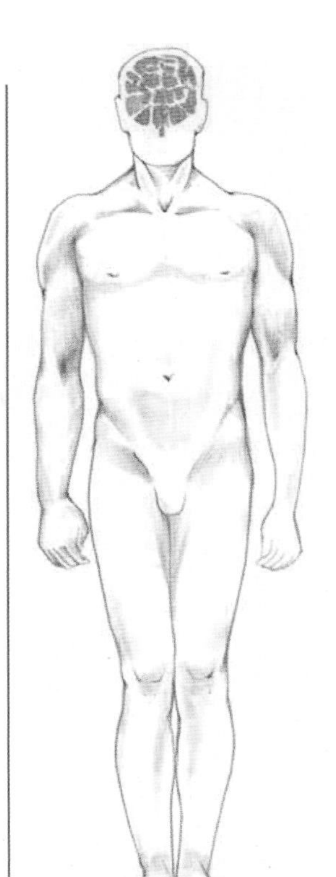

脑容量一直增长

大脑属于软组织，不会变成化石，所以无法直接进行研究。幸运的是，哺乳动物的大脑占据了整个头骨，这样就可以估算它的体积，而大脑体积又和神经元数量成正比，通俗来讲，是和智力成正比。但是，并不是脑容量越大就越聪明，否则大象和鲸鱼应该比我们人类更聪明，实际上当然是不可能的。

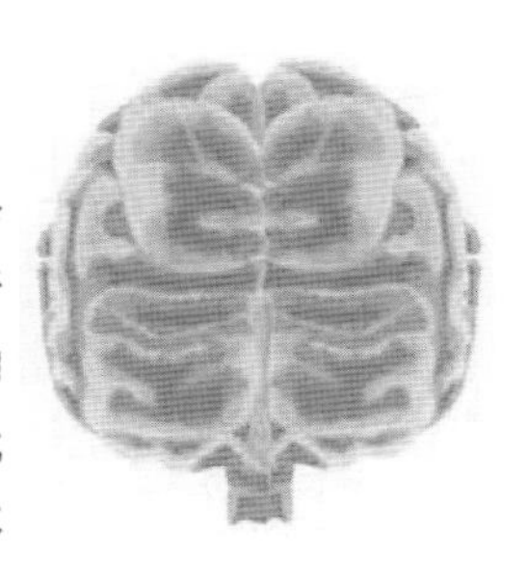

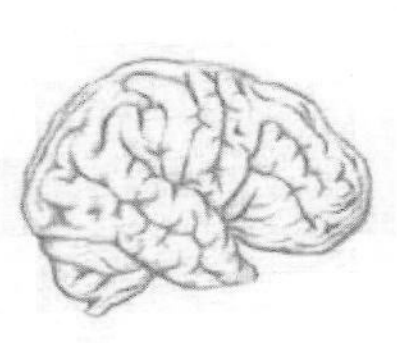

阿法南方古猿

脑容量为380~400毫升，相当于体重的1.2%。

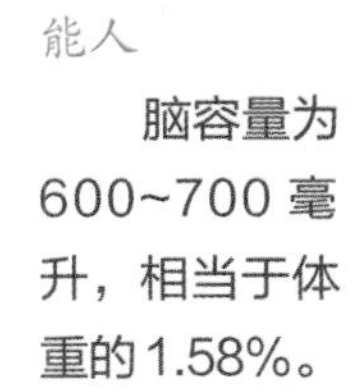

能人

脑容量为600~700毫升，相当于体重的1.58%。

智人

脑容量为1300~1500毫升，相当于体重的2.75%。

进化是如何进行的？

人类学家认为，进化是生物继代变化，为代代遗传的物种赋予生命的过程。这是现代生物学上的一个重要概念，可以帮助我们理解地球上包括人类在内的生命历史。现在的进化模型是由达尔文于 1859 年提出的，之后一直被不断改进，直至形成现在的概念。但需要注意的是，进化理论只是帮助我们解释生命进程的理论，今后，还有没有其他更完善的理论，也未可知。

父母的特征和自己的特征

非洲中部的雄性山魈以色彩艳丽的面部著称，在外人看来，它们的长相没有区别，但实际上，它们彼此并不相同。我们人类也是这样，孩子的长相有一部分跟父母很像，但同时也有自己新的特征。相像的部分遗传自父母，新的特征则是自我变化。

这样，遗传和变化结合在一起，生物才能不断适应新的自然环境。

什么是物种?

山魈是鬼狒的近亲，不过它们却是两个物种，由一系列包含了可以识别遗传密码的特征区分开来。

如何理解不同物种间的“边界”呢？一般来说，同一物种的生物能够繁衍出有生育能力的下一代，也就是说，它们有孕育后代的能力。

每个物种都用拉丁语学名来表示，由两个斜体单词组成，如下方括号里所示。无论什么语言，这个名称只能用来标识这一个物种，这对全世界的科学家来说非常简便。

山魈（*Mandrillus sphinx*）

鬼狒（*Mandrillus leucophaeus*）

适者生存

所有动物都应该拥有生存的能力，但是有些个体比其他个体更出色。一些雄性山魈能够做出更有说服力的威胁，可以吓退豹子，这样，它们就能生存下来，而不是被豹子吃掉。

一些山魈的脸部颜色更加鲜艳，更能吸引雌性，这样，它们就能击败竞争对手，获得繁衍后代的机会。优秀的遗传基因留了下来，以适应复杂多变的环境。不适应环境的个体，就无法把生命延续到下一代，它的基因会逐渐消失。

族谱

人类是灵长类动物的重要组成部分，灵长类动物包含560多个物种，分布在世界各地。这些哺乳动物的原始形式，最早出现在大约6000万年前，也就是在恐龙灭绝后。它们生活在热带丛林中，非常适应树上的生活。因此它们进化出双目视觉，用来测量距离并且能在树枝间穿梭，它们的手脚也能够抓紧树木。

红腿白臀叶猴

Pygathrix nemaeus

亚洲

是颜色丰富的猴类，只在东南亚的一些树林中出没，濒临灭绝。

东非黑白疣猴

Colobus guereza

非洲

又厚又长的皮毛能够让它在较冷的山区丛林中生存。

阿拉伯狒狒

Papio hamadryas

非洲和亚洲

它是草原狒狒的近亲，非洲和亚洲西部的地面以及干旱山区的山坡上，都有它的身影。

白掌长臂猿

Hylobates lar

亚洲

它的手臂长而且强壮，可以在树枝间跳跃、攀缘。

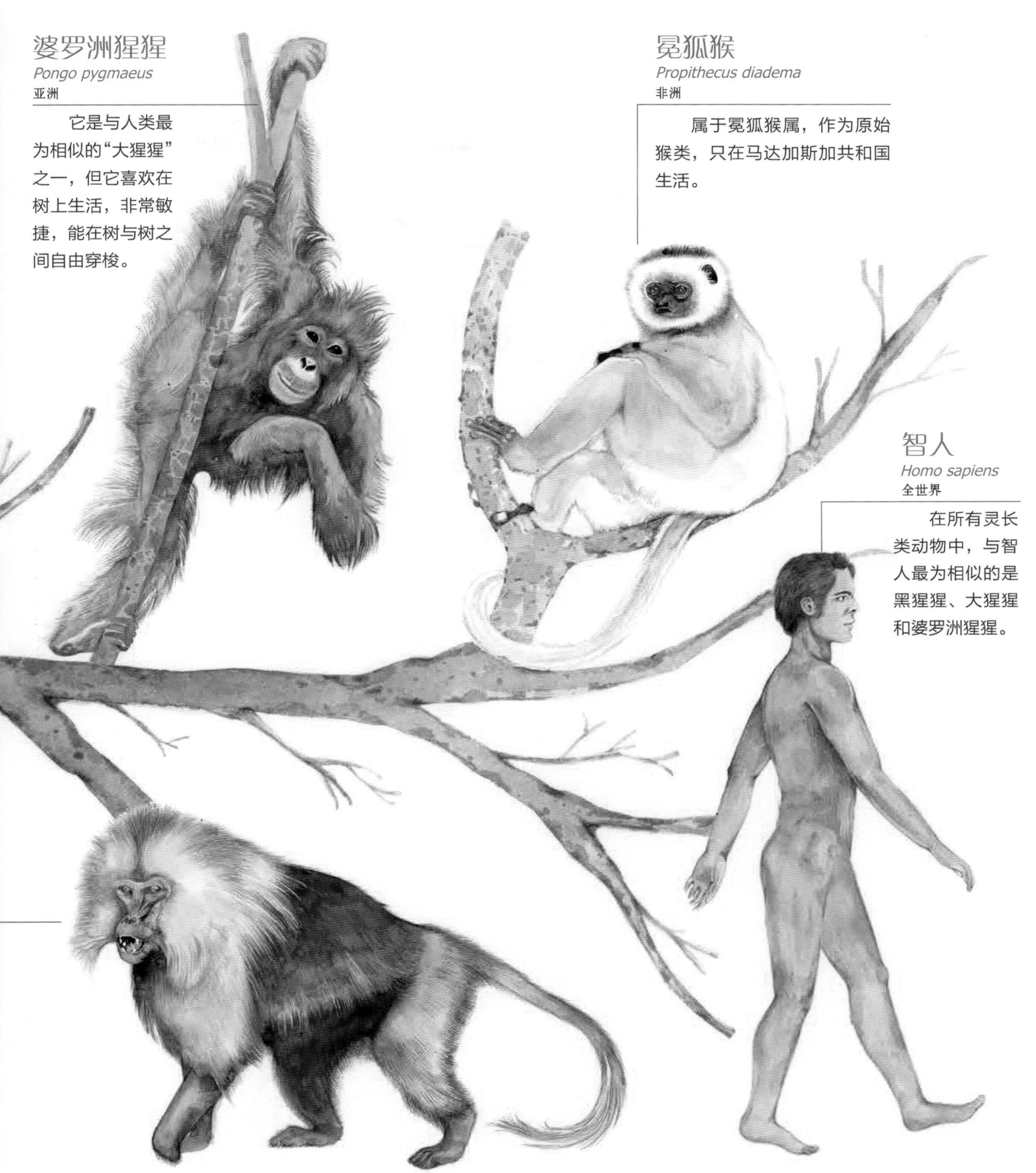

婆罗洲猩猩

Pongo pygmaeus

亚洲

它是与人类最为相似的“大猩猩”之一，但它喜欢在树上生活，非常敏捷，能在树与树之间自由穿梭。

冕狐猴

Propithecus diadema

非洲

属于冕狐猴属，作为原始猴类，只在马达加斯加共和国生活。

智人

Homo sapiens

全世界

在所有灵长类动物中，与智人最为相似的是黑猩猩、大猩猩和婆罗洲猩猩。

人类与猿类的对比

大型猿类，由于跟我们人类最相似，甚至被纳入人科家族。这些猿类包括大猩猩、婆罗洲猩猩和黑猩猩，它们与人类的共同点是没有尾巴，且大脑发达。

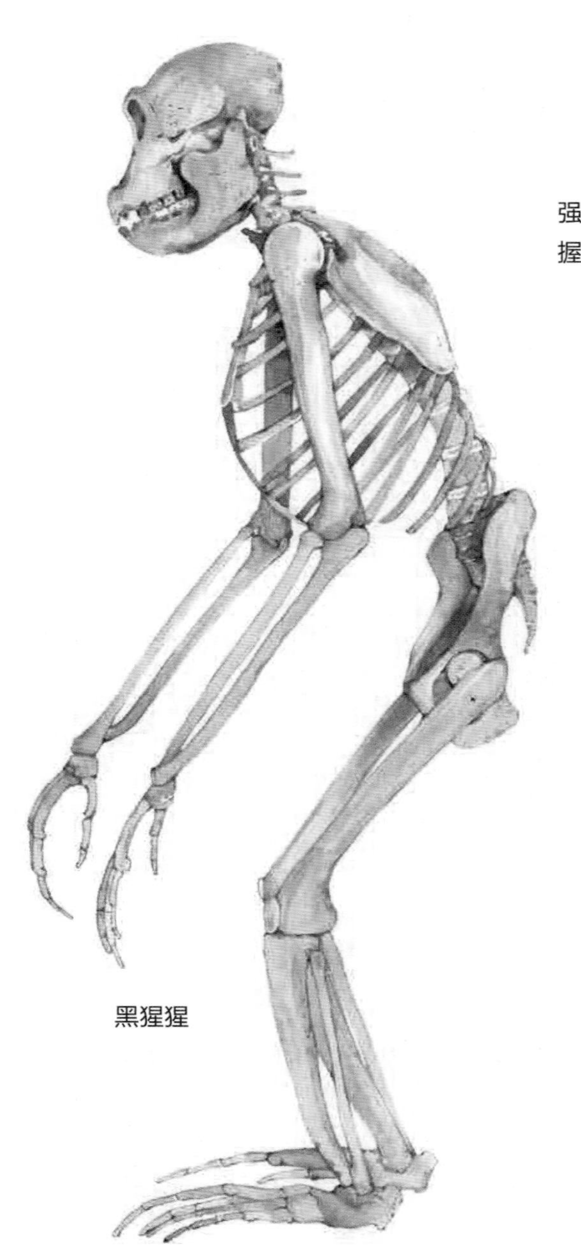

人的头骨宽大，能够容纳相当于黑猩猩三倍的大脑。

人的手臂更短，不那么强壮，双手也更小，比起抓握，更适合精细的操作。

人的脊柱垂直伸展，呈轻微 S 形，满足直立行走和支撑头部重量的需要。

智人

人的双脚适合长距离行走，没有对生脚趾，所有脚趾排列生长。

年幼的孤儿

与我们人类一样，大型猿类的幼年期至少 5 年，这期间它们和母亲紧密地生活在一起。婆罗洲猩猩和苏门答腊猩猩（*Pongo abelii*）是大型猿类中所受威胁最大的，因为它们生活的东南亚丛林遭到严重砍伐。有时候年幼的猩猩孤儿会被饲养在专门的机构里，长大之后才回归丛林。

显而易见的区别

智人与大型猿类骨骼的显著区别是移动方式不同。尽管后者可以依靠后肢站起，但只有人类能够真正直立行走，也就是永久地用双腿行动。所以人类的双臂变得短小，不那么健壮。

我们的“兄弟”：大猩猩和黑猩猩

在所有大型猿类中，大猩猩和黑猩猩与我们人类最为相似。这两个物种与我们有大约 98% 的“遗传密码”相同，黑猩猩与我们的相似度略高一点。

DNA 研究似乎表明：人类与大猩猩和黑猩猩的进化线分离，是在六七百万年前。

大猩猩属

雄性大猩猩体重约为 200 千克，身高约为 1.8 米，是猿类中的巨人。大猩猩属包括两个物种，东非大猩猩（*Gorilla beringei*）和西非低地大猩猩（*Gorilla gorilla gorilla*），都出没在非洲。它们以家庭为单位群居生活，主要成员是一只雄性、几只雌性和它们的孩子。幼年猩猩非常依赖母亲，离母亲不会超过几米。

黑猩猩属

黑猩猩属也包括两个物种：倭黑猩猩（*Pan paniscus*）和黑猩猩（*Pan troglodytes*），它们具有不同的社会结构。黑猩猩受雄性或者经常变化的个体联盟领导，倭黑猩猩的两性之间通常更加温和而平等。令人印象深刻的是，这些猩猩具备使用工具的能力，比如使用经过修整的小木棍挖取巢穴中的白蚁。与其他灵长类动物相比，黑猩猩的这一本领非常强大，它们会把岩石当作锤子，把树叶当作海绵，还会把学到的东西传给后代。

与人类祖先相遇

在过去的几百万年间，不同的人类物种共同生活在非洲、欧洲和亚洲。但在成为真正的人类之前，他们必须学会站立并且使用工具。我们来逐一认识。

一群匠人（*Homo ergaster*）使用原始工具和一只硕鬣狗（*Pachycrocuta*）争夺一头鹿。

进化路线

我们习惯将人类的进化当成线性前进的过程，也就是从原始的形式进化到更为“先进”的形式，直到成为智人。

实际上，人类的进化并非如此，不同人种曾经同时生活在地球上。正如我们在接下来几页看到的：人类的进化路线是错综复杂的，像一棵树的很多分枝，而不是一条直线。

人类和黑猩猩的祖先
800万~700万年前

始祖地猿
550万~430万年前

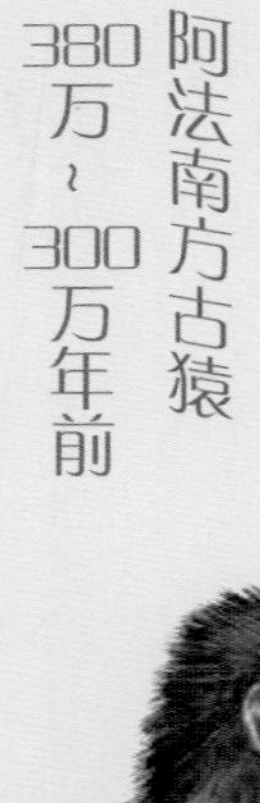

能人
240万～180万年前
尼安德特人
35万～4万年前
智人
3万年前至今

始祖地猿

Ardipithecus ramidus

含义：所有猿类的祖先

时期：550 万 ~430 万年前

发现地：非洲埃塞俄比亚

体重：大约 50 千克

身高：大约 110 厘米

脑容量：300~350 毫升

第一个从树上下来的猿类

目前看来，地猿是我们掌握信息较多，并且距离人类较为遥远的祖先，它显现出和猴子相同的特点，比如长长的手臂、大大的手脚等。始祖地猿是地猿属下的一个物种，观察它的骨骼我们发现，它能够以一种有些笨拙的方式直立行走，但大部分时间还是待在树上。

在树枝上“行走”

在树枝间活动的始祖地猿可能是很自在的，它们以一种奇怪的直立行走的方式移动，也经常到地面收集食物。它们的牙齿表明它们的食物已经相当丰富，有水果、种子，甚至还有昆虫和小动物。目前发现的化石告诉我们，雄性和雌性地猿之间没有太大的体格差异。

你有这么大的手啊！

始祖地猿的手、脚特点鲜明，特别是和我们的手、脚放在一起对比。它们的手指长而弯曲，是为了更好地抓住树枝，同时手掌又短又壮，手腕非常灵活，就像那些攀爬的大型猿猴一样。它们的脚也很大，还有对生的大脚趾，这样就可以紧紧抓住树枝。所有这些都符合一名优秀攀爬者的特征，但是它们却可以用双腿行走，这让今天的我们感到有点滑稽。

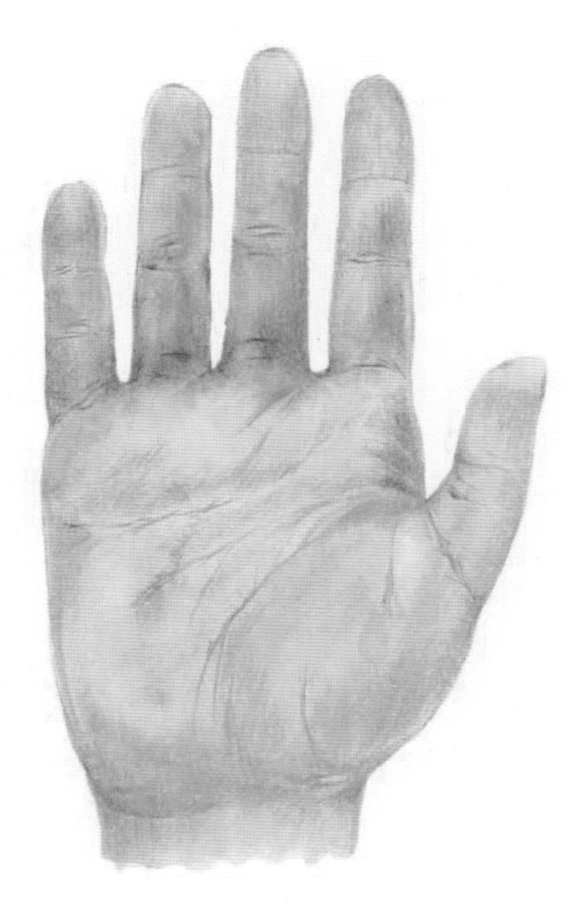

人类的手

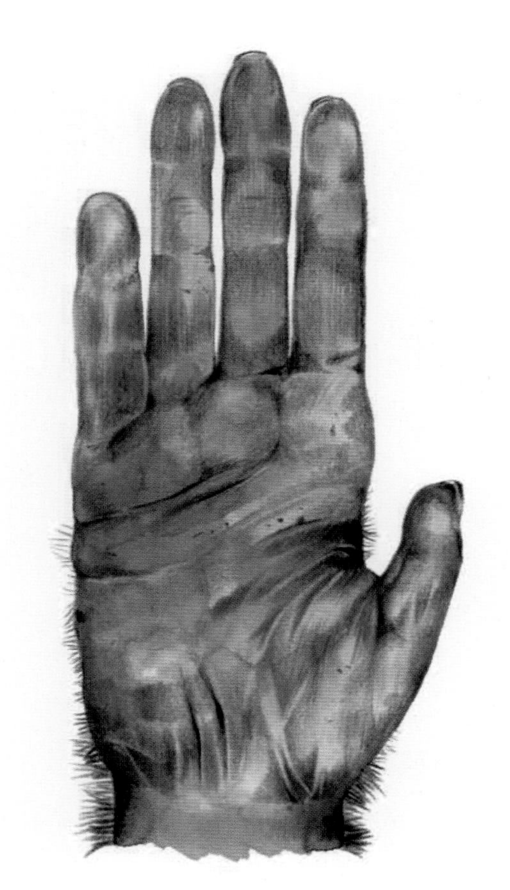

始祖地猿的手

在丛林中自在生活

在地猿残骸附近，我们还找到了曾经生活在丛林及丛林边缘的动物残骸。

这些古老的人类祖先，不仅因为直立行走而变得特殊，它们还代表了一种在猴子和后来的人类物种（比如南方古猿）之间折中的生存方式，前者生活在茂密的森林中，而后者更喜欢大草原。

只要有一点危险迹象，它们就会爬到树上。

恐象是一种大象，在地猿出现之前，它们就已经生活在丛林的边缘地带和热带大草原上了。
地猿的脚非常大，这是为了牢牢抓住树枝。

丛林的尽头

有些科学家认为大约在800万年前，东非的丛林中生活着和黑猩猩相似的猿猴。当气候变化导致丛林消失时，其中一些灵长类动物不得不进化。

东非大裂谷的产物

非洲东部有一条火山型断裂带，称为东非大裂谷。大约 800 万年前，裂谷的持续开裂和大量火山活动彻底改变了周围环境，大片丛林消失。开阔的空间覆盖着一些低矮树木，这彻底改变了人类祖先的生活。

大草原的出现

人类古老的祖先，如地猿和后来的南方古猿，都是那个时代气候变化的产物。开放的环境既充满机遇，也充满危险，这就要求它们的身体结构做出改变。

人类变成直立行走，很可能是为了在新环境中生存下去。

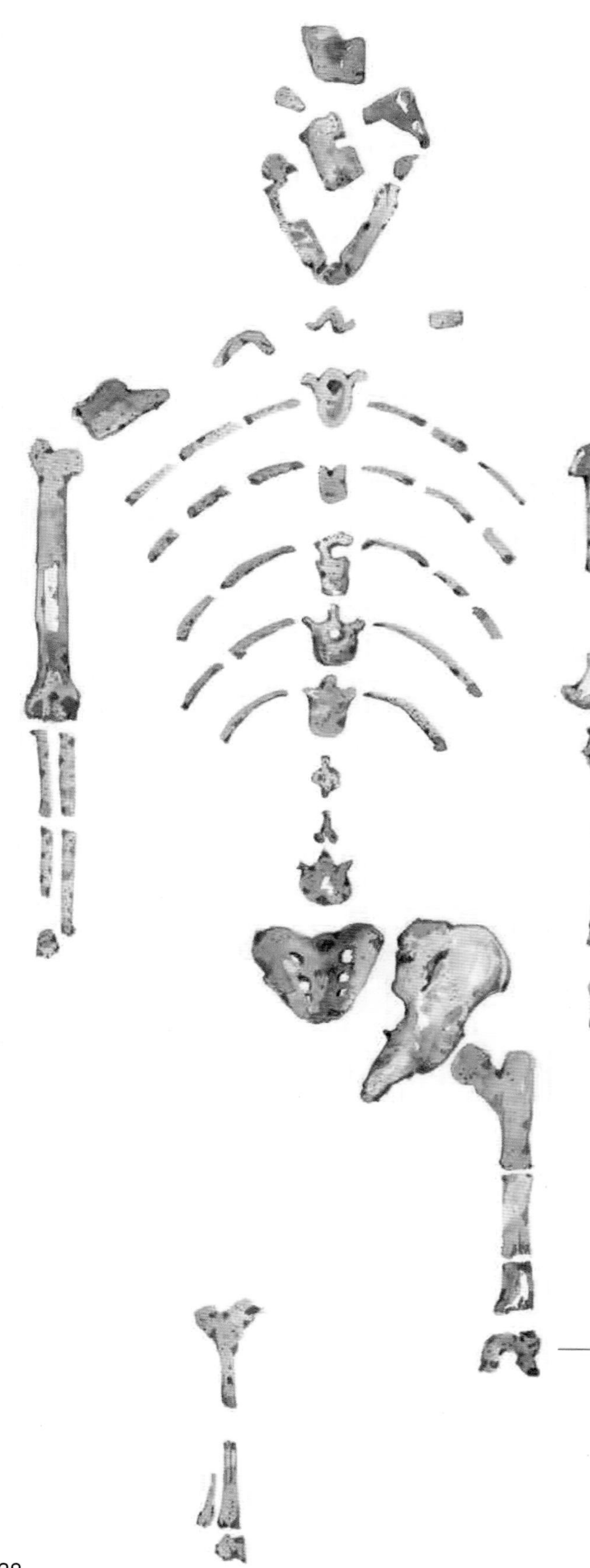

和露西面对面

1974年，在非洲埃塞俄比亚的大山谷中发现了一块化石。它是保存非常完好的人类化石，科学家认为它是人类非常古老的祖先。这块化石是一只雌性南方古猿留下的，它的主人被起名为露西。尽管后来又发现了更丰富的类似化石，但是露西的骨骼化石却是非常有名的。

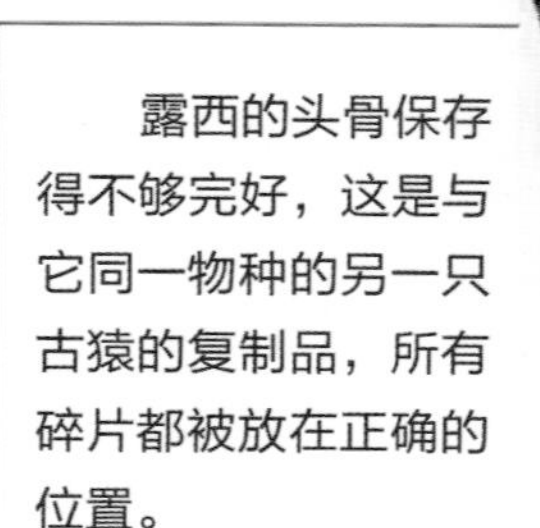

露西的头骨保存得不够完好，这是与它同一物种的另一只古猿的复制品，所有碎片都被放在正确的位置。

直立行走和强大的适应性

通过对骨骼化石的分析，我们了解到露西有着和我们人类近似的直立姿势，但是它的双臂仍然很长，手脚也有长而弯曲的指头，这是经常爬树的典型特征。南方古猿的生存秘诀就在于灵活性：它们懂得如何在快速的变化中适应环境。

露西的脸庞与黑猩猩区别并不大，但它的身体已经与我们非常相似。

阿法南方古猿

Australopithecus afarensis

含义：来自阿法尔（埃塞俄比亚一个区）的南方古猿
时期：380 万 ~ 300 万年前
发现地：非洲埃塞俄比亚
体重：雌性重约 30 千克，雄性约 45 千克
身高：雌性身高约 105 厘米，雄性约 150 厘米
脑容量：380~500 毫升

人类的起步

约 400 万年前，2~3 个类似露西的阿法南方古猿，在坦桑尼亚松软的火山灰上留下了大约 70 个脚印。这些痕迹后来变成岩石，成为证明人类行走的古老证据。

这些南方古猿很可能以小家庭为单位，在大草原上生活。幼年的古猿受到家庭的照料，就像现在幼小的大猩猩。

除了人类祖先的遗迹外，火山灰中还保留了一些名为三趾马的原始小马的痕迹。

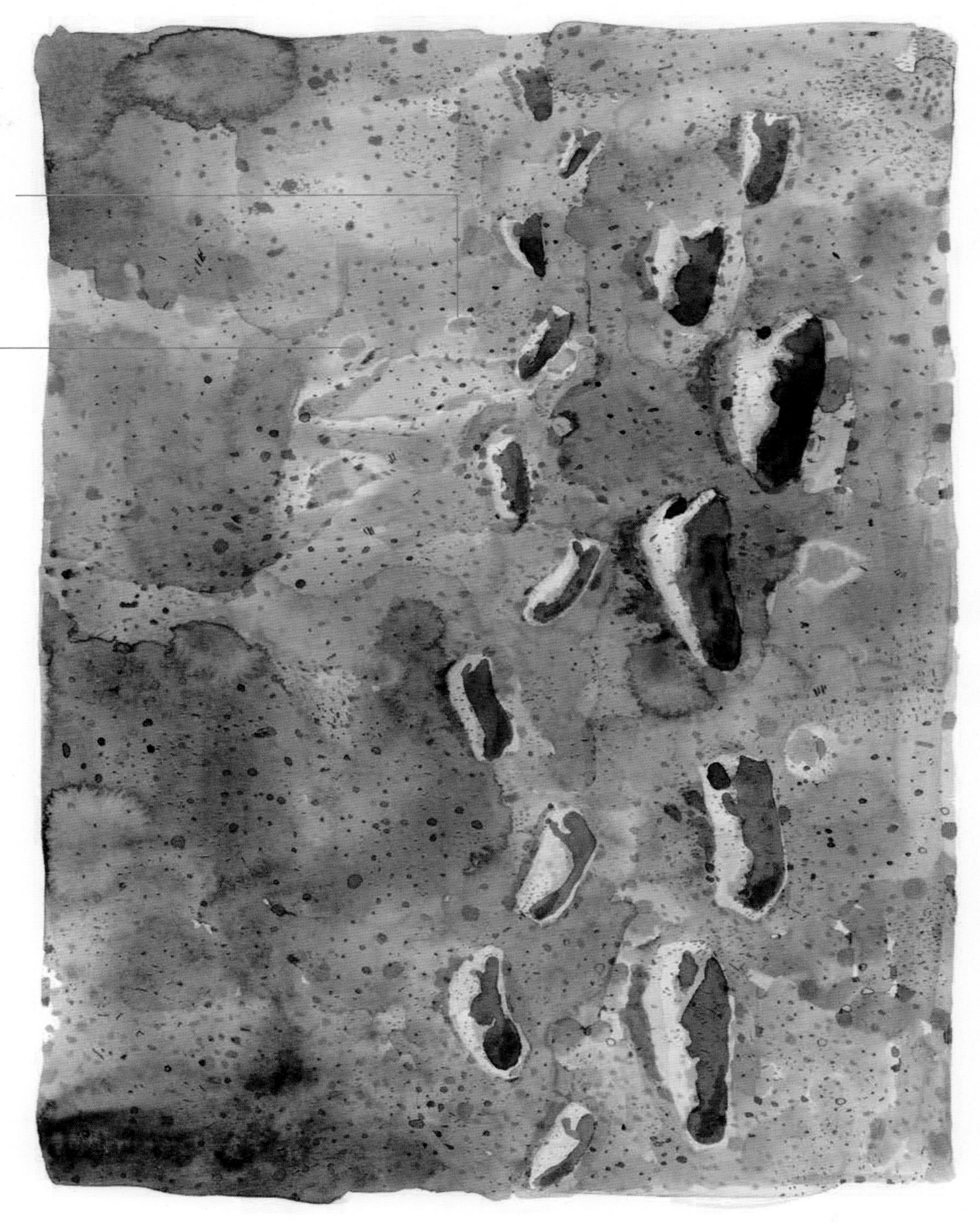

重要的行走

人类学家说，“人类的历史从脚开始。”使用双脚行走是成为人类的第一步。在坦桑尼亚发现的脚印之所以出名，不仅仅是因为年代久远，更因为留下这些脚印的生物与我们人类的步伐相似，重量均匀分布在整个脚掌上。

通过观察手脚的
形状，我们知道南方
古猿非常擅长爬树。

危险的生活

生活在大草原上并不容易，因为这里有大型食肉动物，人类的祖先常常面临被捕食的危险。最好的生存策略是成群活动，保持警惕，时刻准备逃入森林。

这是南方古猿生活环境的典型呈现：贫瘠的草原上，只有一些稀疏的树木。

恐猫是一种大型猫科动物，比狮子小一点，它的犬齿较长且尖锐，但没有剑齿虎的长。400 万~ 300 万年前，它们生活在非洲草原上，现在已经灭绝。

露西的亲戚

1924年，非洲南方古猿化石被发现，它被认为是人类非常早的祖先。它是露西的亲戚，出现在露西之后，或许是露西进化分支的后代。非洲南方古猿主要集中在南非，数量相当稀少。

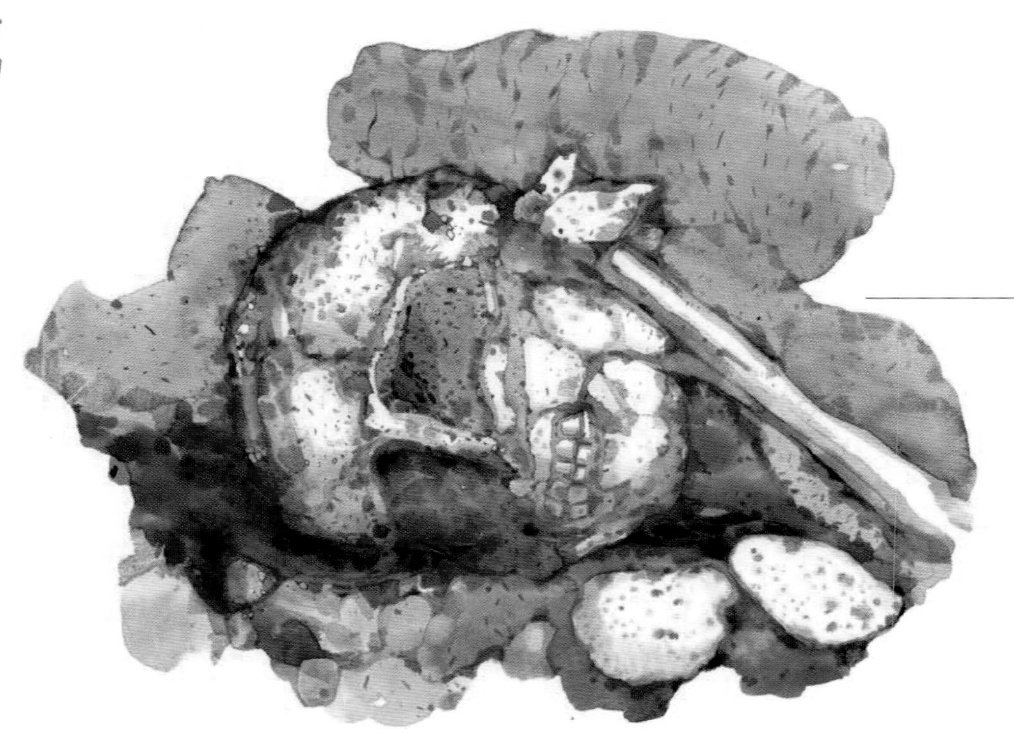

可能的人类摇篮

斯泰克方丹洞穴位于南非约翰内斯堡西北部，这里有很多关于人类历史的重要化石，被称为人类的摇篮之一。洞穴里发现了南方古猿（包括非洲南方古猿）、傍人和原始人类的骨骼化石。现在，这里已经成为重要的旅游胜地，也被联合国教科文组织列入文化遗产名录。

非洲南方古猿

Australopithecus africanus

含义：来自非洲的南方古猿

时期：330 万 ~ 210 万年前

发现地：南非

体重：雌性重约 40 千克，雄性约 50 千克

身高：雌性约 110 厘米，雄性约 135 厘米

脑容量：420~620 毫升

直到今天，一些蝴蝶的幼虫仍然是非洲南部某些部落的食物来源。

大草原上可以找到各种可食用的果实和种子，但是需要辨别出来，还得用力咀嚼。

多样化的饮食

在研究了南方古猿的牙齿和生活环境后，我们了解到它们是杂食性猿类。从果实、种子、块茎，到一些昆虫，都是它们的食物。它们偶尔还会吃些肉，就和今天的黑猩猩一样。

直立行走

直立行走好像并没有什么，今天的一些大型猿类也可以直立行走，虽然有些笨拙，而且速度很慢，但从人类进化的角度看，直立行走却具有里程碑式的意义。

直立行走需要对骨盆和脊柱的骨骼“重新设计”，这样是为了支撑头部的重量，从而进一步支撑大脑的重量。露西和它的后代向我们证明，人类只有站起来才会变得聪明。

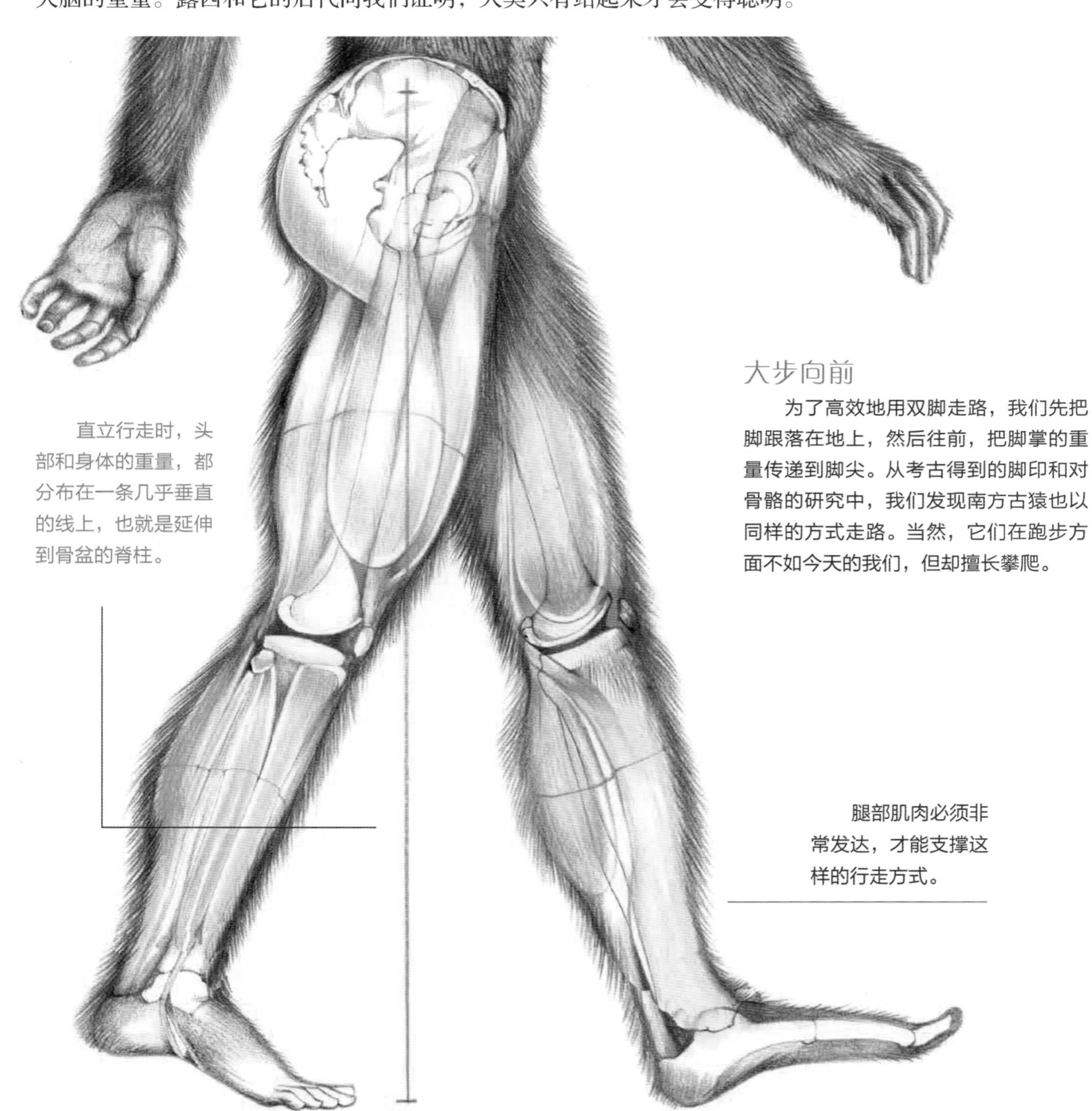

直立行走时，头部和身体的重量，都分布在一条几乎垂直的线上，也就是延伸到骨盆的脊柱。

大步向前

为了高效地用双脚走路，我们先把脚跟落在地上，然后往前，把脚掌的重量传递到脚尖。从考古得到的脚印和对骨骼的研究中，我们发现南方古猿也以同样的方式走路。当然，它们在跑步方面不如今天的我们，但却擅长攀爬。

腿部肌肉必须非常发达，才能支撑这样的行走方式。

站立的优势

首先，直立行走能看得更远，特别是在广袤的大草原上，能够及时发现危险和机会。其次，直立行走也许还能降低体温过高的风险，因为只是头部而不是整个身体暴露在太阳下。最后，直立行走还能够在长距离移动中节省体力，尽管这不是提升速度的最佳选择。

鬣狗凭借嗅觉能发现死掉动物的残骸。

素食动物的到来

200 多万年前，东非的罗百氏傍人（*Paranthropus robustus*）就已经食用种子和块茎了，它们繁衍了 100 多万年才灭绝。鲍氏傍人（*Paranthropus boisei*）的咀嚼能力非常强大。它们坚硬的下颌骨，还有牙齿，似乎都是专为不停咀嚼植物而设计的。它们的脑袋形状和大猩猩非常相似。

家庭生活

雄性傍人比雌性高大，也许它们生活在以一个成年雄性为主导的小家庭中，由强壮的雄性来领导雌性和年轻的傍人，就像今天的大猩猩群。在大部分动物物种中，如果雌性和雄性体型差异很大，那么雄性就会为了异性而展开竞争，只有最强壮的才会繁衍众多后代。

鲍氏傍人

Paranthropus boisei

含义：与人类一起生活的大型猿类

时期：230 万～140 万年前

发现地：非洲的埃塞俄比亚和肯尼亚

体重：雌性约重 30 千克，雄性约为 50 千克

身高：雌性约为 120 厘米，雄性约为 135 厘米

脑容量：475~545 毫升

这是矢状嵴，是下颌骨肌肉的连接点。

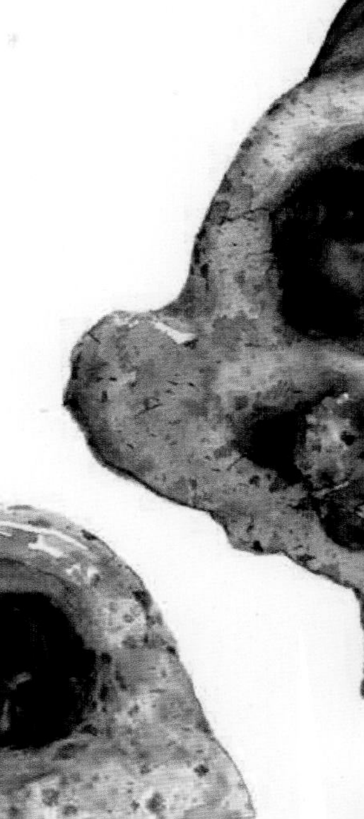

傍人的臼齿是原始人类中较大的，但是它们的门牙却很小。牙齿磨损很严重，这也证明了它们以某些坚硬的植物为食。

鲍氏傍人

鲍氏傍人是傍人中较大的物种。考古发现它们有宽大的脸庞、巨大的下颌骨和非常发达的臼齿。它们头上有一块矢状嵴，作为连接点支撑咀嚼肌，雄性的矢状嵴更大。

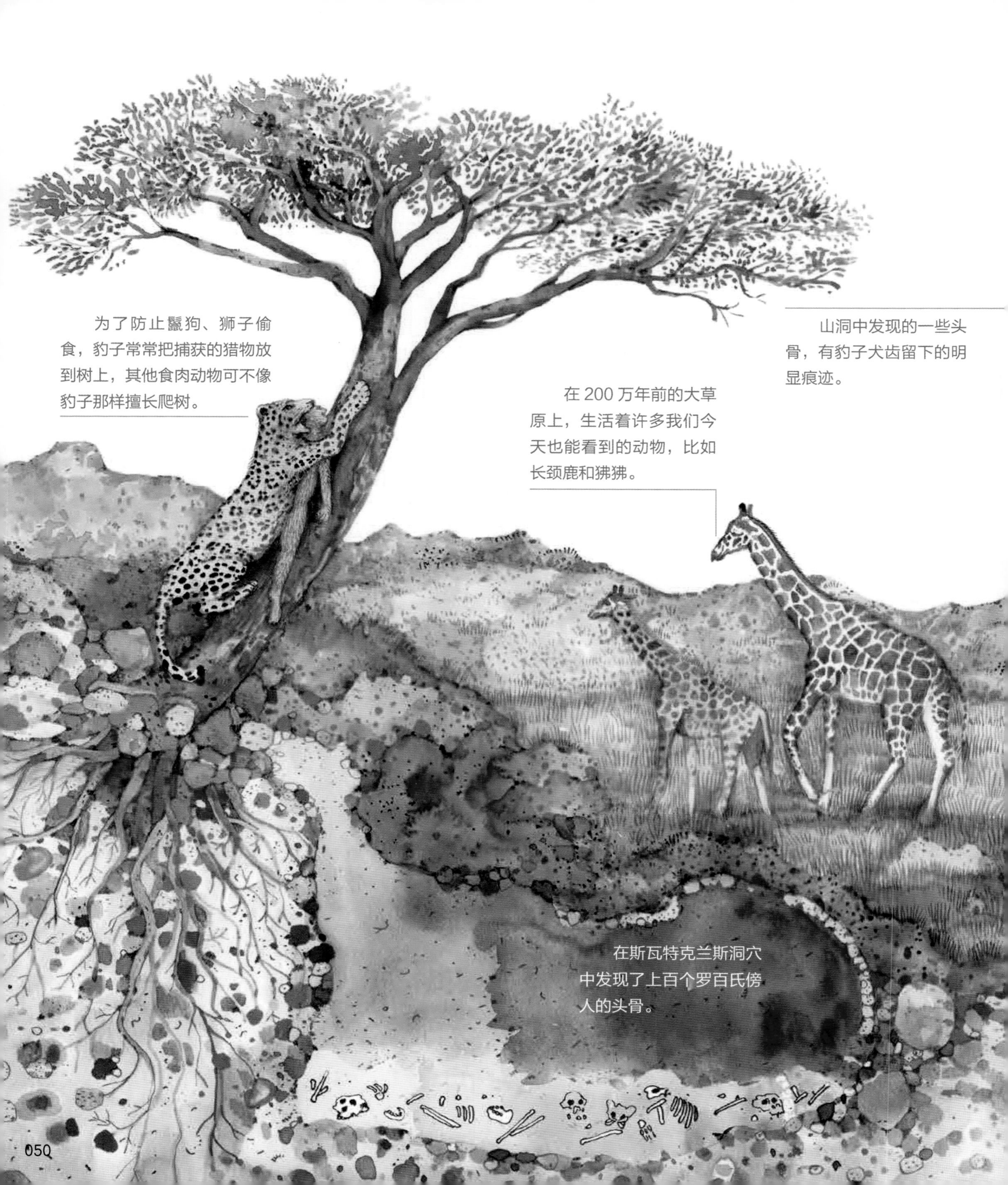
为了防止鬣狗、狮子偷食，豹子常常把捕获的猎物放到树上，其他食肉动物可不像豹子那样擅长爬树。
山洞中发现的一些头骨，有豹子犬齿留下的明显痕迹。
在200万年前的大草原上，生活着许多我们今天也能看到的动物，比如长颈鹿和狒狒。
在斯瓦特克兰斯洞穴中发现了上百个罗百氏傍人的头骨。

悲剧的重现

在南非一个奇特的洞穴中，发现了大量罗百氏傍人头骨。也许好几代的豹子都是以这些原始人类为食的，它们把这些受害者的尸体搬到附近的树洞里，为的是不被抢夺。因此，大量的头骨才集中在一起。

恐象和现在的大象非常相似，但是没有上颚的獠牙。它们只有一对从下颌骨长出来的向下弯曲的巨大獠牙。

真正的人类诞生

人属（智人也在其中）的第一个成员能人出现了，能人常常和人类制造的第一批石器联系在一起。他们的大脑比南方古猿大得多，牙齿和我们相似，但是身高只相当于我们今天人类 10~12 岁的青少年。能人在人类进化史上发挥了巨大作用，在非洲开启了人类历史的征程。

复仇时代

最早的人类祖先是食肉动物的猎物，但是，大概从能人开始，这种状况有了改变。毫无疑问，能人比南方古猿更有智慧，他们能使用不同的工具对抗食肉动物，有时甚至偷走食肉动物的猎物。

一群能人能够赶走一只像巨颏虎这样体重约为 100 千克的野兽。

能人的身体比例和现在的我们一样：他们是大草原上出色的步行者和伟大的探险家。

当然，能人也会使用木制工具，比如木棒，但与石制工具不同，木制工具不能留存。

能人

Homo habilis

含义：能制造工具的古人类

时期：240 万 ~ 160 万年前

发现地：非洲肯尼亚、坦桑尼亚、南非

体重：30~50 千克

身高：大约 130 厘米

脑容量：600~700 毫升

变成工具的石头

“能人”这个名字指的就是他们能够制造工具，这些工具的存在已经被广泛证实。他们的工具通常是用石头做成，用来打击和切割。最近发现的文物可追溯到300万年前，似乎说明了在能人之前，其他人种已经开始打造石器。

砸开石头，并仔细挑选。锋利的石头可以用来雕刻和切割。

多亏了这些工具，能人可以切肉，还能做许多其他事情。

以团队协作的方式，能人可以在短时间内将体形很大的猎物分割成肉块带走。或许他们也是熟练的猎人，但目前还没有证据证明。

在坦桑尼亚的奥杜威峡谷，发现了许多石制工具和重要化石，这都是人类祖先遗留下来的。

早期人类血统的最后成员

直到 2008 年，南方古猿源泉种才被发现，它是早期人类庞大家族中的最后一个成员。与前辈相比，它的脸颊更瘦，拇指的对向性更强，大脑也更发达，它是一个优秀的步行者。这一点非常重要，因为这是南方古猿和人属之间的重要联系。

南方古猿源泉种

含义：拥有“优质源头”的南方古猿（因为它可能是人属的祖先）

时期：190 万～170 万年前

发现地：非洲南非

体重：30~40 千克

身高：约 130 厘米

大脑容量：420~450 毫升

大约 180 万年前，非洲存在一个巨大的早期人类族群，包括位于东北部的早期的人属（能人和匠人）、鲍氏傍人、南方古猿惊奇种（*Australopithecus garhi*，和露西所属的非洲种近似），还有位于南部的南方古猿源泉种。

运气不错

南方古猿源泉种的发现，要归功于一个 9 岁的小男孩马修。他爸爸是位优秀的人类学家。2008 年 8 月，马修发现了一些骨头，在之后的几天里，人类学家挖出了两副骨架。这些骨骼和之前的南方古猿非常不同，所以它们被划分到一个新的物种里：南方古猿源泉种。

伟大的旅行家

大约 200 万年前，非洲出现了一个人种——匠人，他的身高和体格都与现代人类非常相似，还拥有直立行走者的身体结构。可能是为了寻找食物和新的生存地，又或许是在寻找食物的途中逃跑，总之，匠人在逐渐扩大领地，并第一次离开了非洲大陆。

一些科学家认为，匠人的后代是生活在欧洲的先驱人和中亚的格鲁吉亚人。

离开非洲

一部分匠人从非洲东部出发，一路向东，跨过了今天的埃及和西奈半岛。他们的后代到达高加索地区，但是否到达了东亚一带还无法确定，因为那里是直立人（*Homo erectus*）的诞生地。直立人的祖先可以追溯到 170 万年前，比如中国境内的元谋人，从时间上看，这里是与非洲并列的人类祖先发源地。

匠人

Homo ergaster

含义：忙碌的人，从非洲出走的人类

时期：190 万 ~ 100 万年前

发现地：非洲和亚洲（不同体型）

体重：50~70 千克

身高：145~180 厘米

脑容量：700~900 毫升

图尔卡纳男孩

1984 年，在肯尼亚图尔卡纳湖畔，一个可以追溯到 160 万年前的匠人头骨被发现。他身高已经达到 160 厘米，如果长到成年应该会达到 180 厘米。他的骨骼和现代人类非常相似，但是头骨的体积和一些面部特征仍然显示出原始的属性。

尽管图尔卡纳男孩只有大约 9 岁，但就身体发育而言，他和智人 12 岁左右的青少年更相似。

格鲁吉亚人

格鲁吉亚人（*Homo georgicus*）——这是他们被赋予的名字，是人类神秘的祖先之一。直立人作为亚洲的主要开拓者已经广为人知，至于格鲁吉亚人是否是直立人的“变种”，或是从非洲出走的匠人后代，目前还不清楚，但由于他的重要性，格鲁吉亚人常被作为单独的人种来研究。

照料老人和病人

关于格鲁吉亚人，最有趣的一块头骨化石，是一个老年人，他过了多年没有牙齿的生活。牙齿的位置有一部分被不断生长的下颌骨覆盖。要生存这么长时间，一定在年老时受到了亲戚朋友的照顾，也就是说，大约在 180 万年前，人类祖先就懂得照料老人和病人。

有些植物的叶子有助于伤口愈合，这已经实践了成千上万年。或许最早的人类也知道这一点。

格鲁吉亚人

Homo georgicus

含义：来自格鲁吉亚的古人类
时期：180 万年前
发现地：亚洲格鲁吉亚
体重：50~60 千克
身高：145~150 厘米
脑容量：610~780 毫升

躲避寒冷的庇护所

与生活在非洲的人类相比，亚洲的人类不得不面对更为严峻的冬天。为了抵御寒冷，他们躲进山洞。我们不知道原始人类是从何时使用动物皮毛的，因为皮毛无法完好保存，不过很可能不早于 100 万年前。

在亚洲，有许多新的猎物，虽然羚羊很少，但却有大型鹿可供捕猎。

亚洲的人类祖先

亚洲的人类祖先被称为直立人，有人认为他们是非洲匠人的后代，是经过长途跋涉来到亚洲的。考古发现直立人和匠人非常相似，这两个人种也经常放在一起研究，但是即使如此，也无法确定匠人就是直立人的祖先。一般认为，亚洲的直立人也是人类的祖先之一，甚至跟非洲的人类祖先没有什么关系。

直立人的脑容量大小不一，但已经达到了1000毫升。
考古发现，大约在170万年前，中国境内的元谋人，已经学会了用火来取暖和烹饪肉类。

征服欧洲

一部分匠人的后代离开非洲，很有可能到达了西欧，这部分人被科学家命名为先驱人（*Homo antecessor*）。最重要的化石出土于西班牙，可以追溯到 80万 ~ 70 万年前，但是没有发现完整的骨架，找到的骨骼碎片和海德堡人（*Homo heidelbergensis*）近似。海德堡人是更为现代的、占据了欧洲的人种。

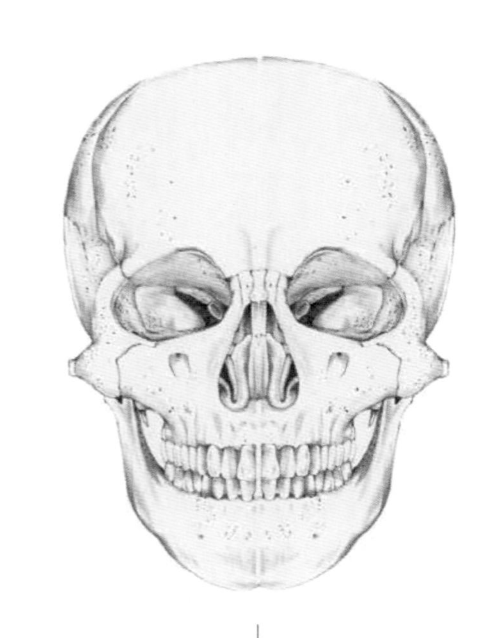

脸颊、下颌骨、牙齿已经与我们非常相似。

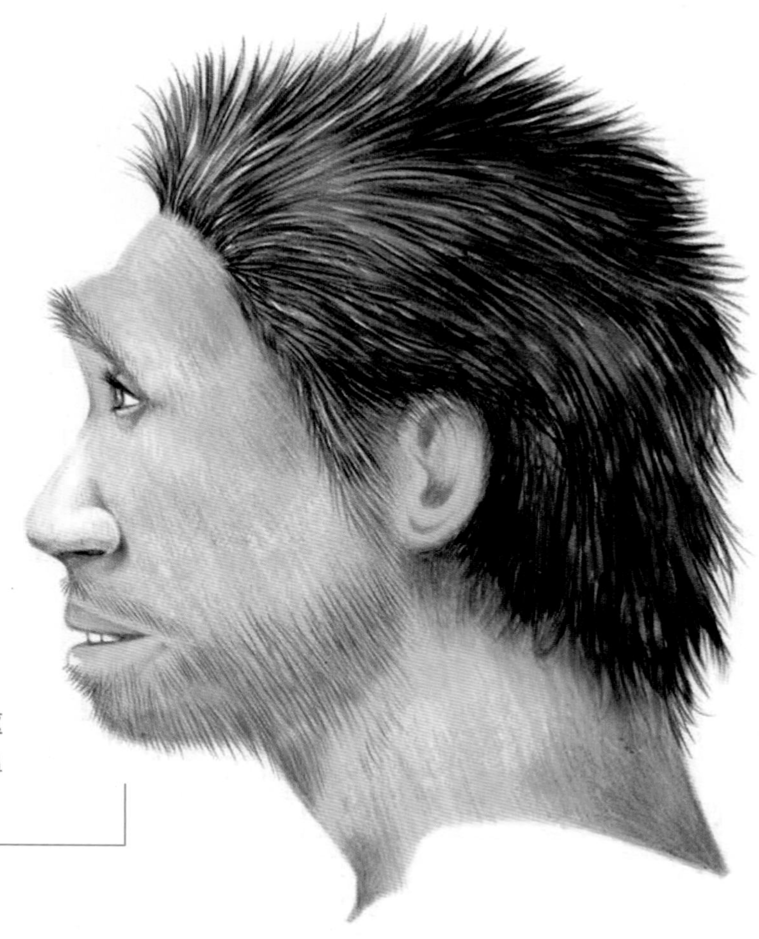

与智人相比，先驱人的眉骨非常突出，鼻子也很宽大。

先驱人

Homo antecessor

含义：先驱者，到达欧洲的匠人后代

时期：120 万 ~ 50 万年前

发现地：欧洲西班牙

体重：60~90 千克

身高：160 ~ 180 厘米

脑容量：大约 1000 毫升

制造工具

许多关于先驱人的有趣发现都和儿童有关。除了骨头，人类学家还修复了大量石制工具。根据使用痕迹，我们了解到这些工具用来削木头、切割猎物的肉和皮毛。

木头当然有很多用途，这些少年使用木棍打落果子。

最早的小屋

海德堡人的脑容量比较大，能够制造复杂的工具，他们在广阔的区域定居，离开非洲到达欧洲。海德堡人很有可能就是欧洲著名的尼安德特人和非洲智人的共同祖先，有人认为现代人也是从他们进化而来。

人类学家认为，海德堡人可以建造简单的居所。

更为大胆的猜测是，这些人像中国境内的直立人一样，会使用火，甚至会生火。

人类学家在南非的一个洞穴里找到许多纳莱迪人（*Homo naledi*）骨架化石。一些科学家认为，他们是被搬到这里的，很可能是为了下葬。这些人类的骨架既有人属更早期的特征，也有南方古猿更晚期的特征。目前我们对纳莱迪人的起源了解不多。

纳莱迪人

Homo naledi

含义：塞索托之星（在非洲塞索托当地语言中，“纳莱迪”就是这个意思）

时期：40 万～23 万年前（时期估算存在分歧）

发现地：非洲南非

体重：40~60 千克

身高：大约 140 厘米

脑容量：460~560 毫升

回到过去?

2015 年，在南非发现的这个新物种似乎表明，人类的进化并非是渐进的，因为纳莱迪人大脑很小，手指弯曲。这难道是退化了，回到了过去？有人推测，也许它们是一个在地理上完全隔离的物种，而同时期更为进化的人类分布在世界各地。

弗洛勒斯人

2003 年，弗洛勒斯人（*Homo floresiensis*）在印度尼西亚的弗洛勒斯岛被发现，他们是我们人类神秘的代表，他们身体矮小，脚却很大，身高只有 1 米左右。尽管如此，他们却很有智慧，据说存活了上百万年，直到 5 万年前才灭绝。

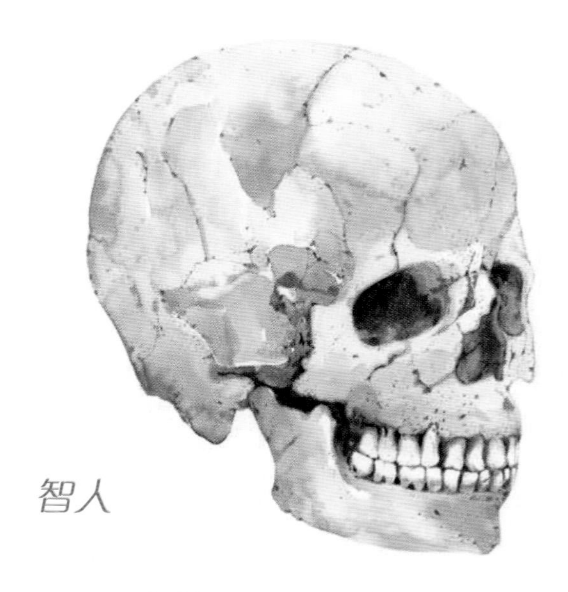

智人

与智人相比，尽管弗洛勒斯人的头骨还很原始，但他们已经会使用石制工具，并且能猎取多种猎物。

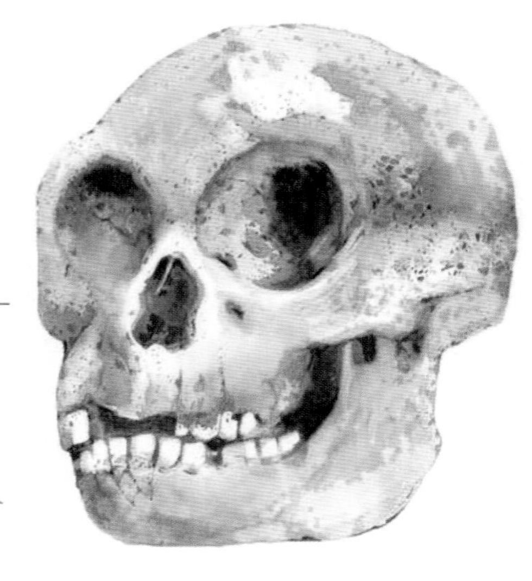

弗洛勒斯人

奇迹之洞

在弗洛勒斯岛热带丛林深处，有一个叫梁布亚（Liang Bua）的山洞，这里发现了属于这个人种的大约 10 具遗体，还有其他一些不知名的动物骨骼。其中有一只超过 1 米长的硕鼠和一只约 2 米高的鹳。我们不清楚这些人是如何抵达这里的，但他们可能是直立人的后代。

岛上的“小矮人”

在规模比较小的岛屿上，资源不丰富，食肉动物的数量也比较少，所以体形更小的生物才能生存。在这种情况下，对食物的需求会减少，物种的世代更替也会“缩短”，繁衍得更迅速。同时也可能出现这样的情况，为了不被捕获而躲藏起来的小动物反而长得更大，就像弗洛勒斯岛上的硕鼠。

2019 年，在菲律宾吕宋岛上发现了另一个矮小的人类，他们的特征和弗洛勒斯人非常相似，被命名为“吕宋人”。

弗洛勒斯人

Homo floresiensis

含义：来自弗洛勒斯的原始人（弗洛勒斯是印度尼西亚的岛屿）

时期：10 万~5 万年前，但这个人种应该出现在更久远的时代

发现地：印度尼西亚弗洛勒斯岛

体重：25~30 千克

身高：110~120 厘米

脑容量：380~420 毫升

弗洛勒斯岛上曾经生活着小森林象，它们很可能就是岛上人类的食物来源。

人类与巨蜥

在 5 万多年前，巨大的爬行动物生活在弗洛勒斯岛，以及印度尼西亚周边群岛上。作为现在科莫多巨蜥的近亲，曾经生活在岛上的巨蜥体长超过 3 米，是凶猛的狩猎者，弗洛勒斯人必须格外小心。一些科学家认为，这些爬行动物还能捕获当时生活在岛上的小象。

巨蜥是擅长把握机会的捕猎者，它们会吃掉所有遇到的食物，包括死去动物的残骸。

对于弗洛勒斯人来说，巨蜥可能过于庞大和危险，相比狩猎，他们更愿意躲避。

与我们不同的生存方式

我们比较了解的尼安德特人（*Homo neanderthalensis*），是进化后的海德堡人的欧洲后代，严格意义上说不算人类的祖先，因为他们一直和智人生活在欧洲与亚洲，大约在 2.8 万年前消失。

耐寒的身体

在尼安德特人居住了成千上万年的地区，寒冷一直侵袭着他们，而他们却很好地适应了这种气候。他们身体强壮，热量流失比较少，宽大的鼻翼能让吸入的空气变得温暖湿润，同时他们的肺活量也比较大。

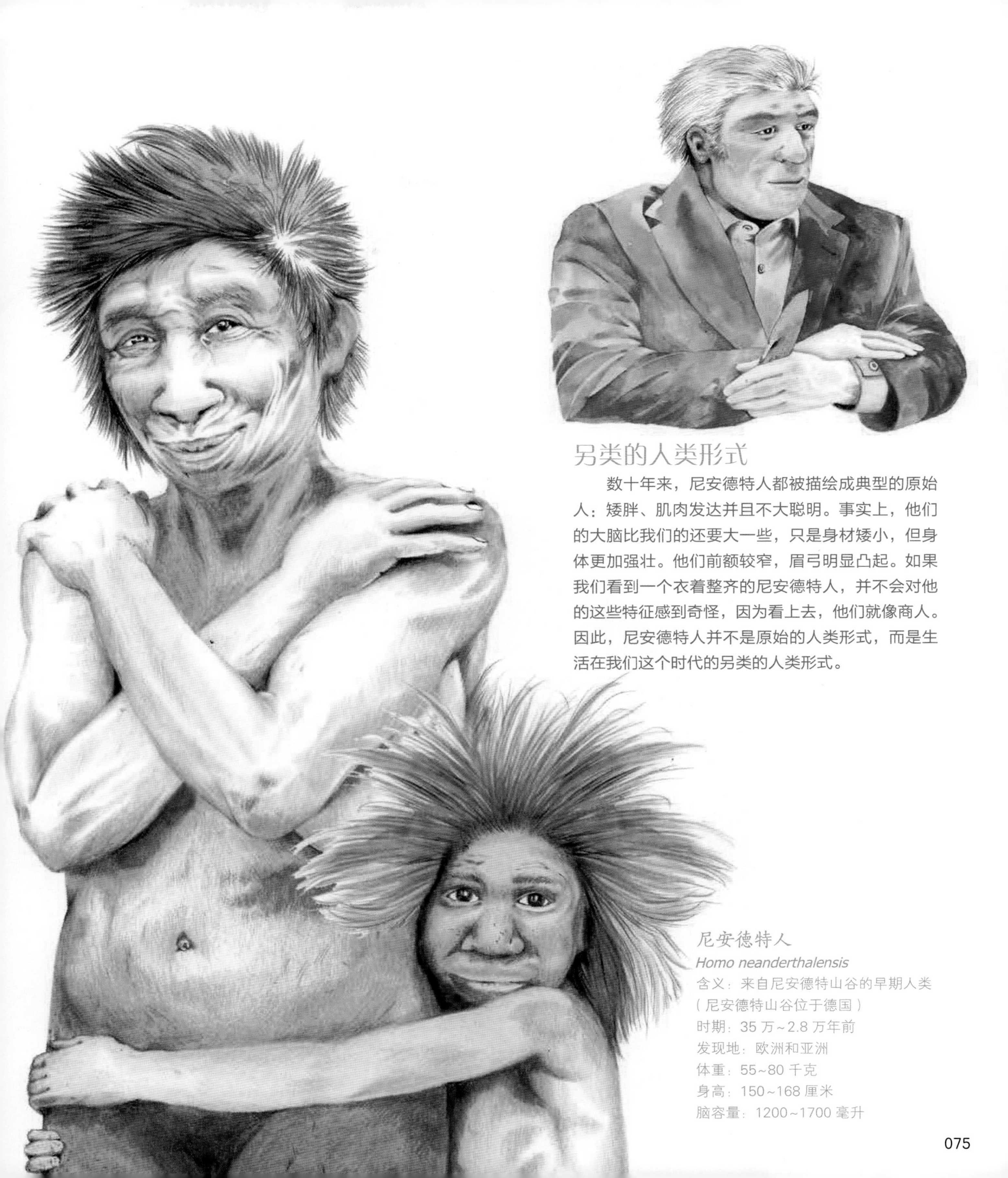

另类的人类形式

数十年来，尼安德特人都被描绘成典型的原始人：矮胖、肌肉发达并且不大聪明。事实上，他们的大脑比我们的还要大一些，只是身材矮小，但身体更加强壮。他们前额较窄，眉弓明显凸起。如果我们看到一个衣着整齐的尼安德特人，并不会对他的这些特征感到奇怪，因为看上去，他们就像商人。因此，尼安德特人并不是原始的人类形式，而是生活在我们这个时代的另类的人类形式。

尼安德特人

Homo neanderthalensis

含义：来自尼安德特山谷的早期人类（尼安德特山谷位于德国）

时期：35 万~2.8 万年前

发现地：欧洲和亚洲

体重：55~80 千克

身高：150~168 厘米

脑容量：1200~1700 毫升

与现代人类相遇

大约从 13 万年前开始，来自非洲的智人覆盖了欧洲和亚洲的大部分地区，他们与尼安德特人产生了交集。我们并不清楚他们之间的关系，可能两个人种之间发生了战争，也可能是尼安德特人逐渐被智人取代。通过 DNA 分析我们得知，来自欧洲和亚洲的古老智人同尼安德特人有交叉。

通过对脖子和头骨形状的分析，我们了解到，在语言能力方面，尼安德特人比智人差很多，他们肯定是用一种更简单的方式交流。

尼安德特人和智人一样，都喜欢佩戴饰品。

一个时代的终结

尼安德特人活跃了30万年，之后数量逐渐减少。从大约4万年前开始，除了现代智人外，地球上很难找到其他人种的痕迹。

所以尼安德特人并不是突然灭绝，而是慢慢消失的。

坟墓

在伊拉克北部，发现了以蜷缩姿势被埋葬的尼安德特人，坟墓遗迹可以追溯到50万~6万年前。他们身上覆盖着药用植物的花和种子，其中的一些痕迹保留了下来。我们知道尼安德特人具有人文关怀，他们会照顾伤者和病人。事实上，一些骨头就显示出在受伤和骨折后接受医治的痕迹。

最后的大本营

我们已知的最后一批尼安德特人，被发现于直布罗陀——位于西班牙的最南端，靠近非洲的地方。得益于温和的气候，他们生活在海边，以软体动物和其他海洋生物为食，包括经常在岩石海岸出没的地中海僧海豹。

丹尼索瓦人

2008 年，在西伯利亚偏远的小镇丹尼索瓦，发现了少量神秘人类的化石残骸。DNA 显示，这是和同时期的智人及尼安德特人不同的人种。生活在 7 万 ~4 万年前，我们对此还一无所知。

冰雪世界

在过去 200 万年间，我们的星球经历了几段比现在冷得多的时期。这些时期一般持续数千年，称为冰期。冰期和气候温和的时期交替出现。这种变化对早期人类的迁移和生活产生了影响。

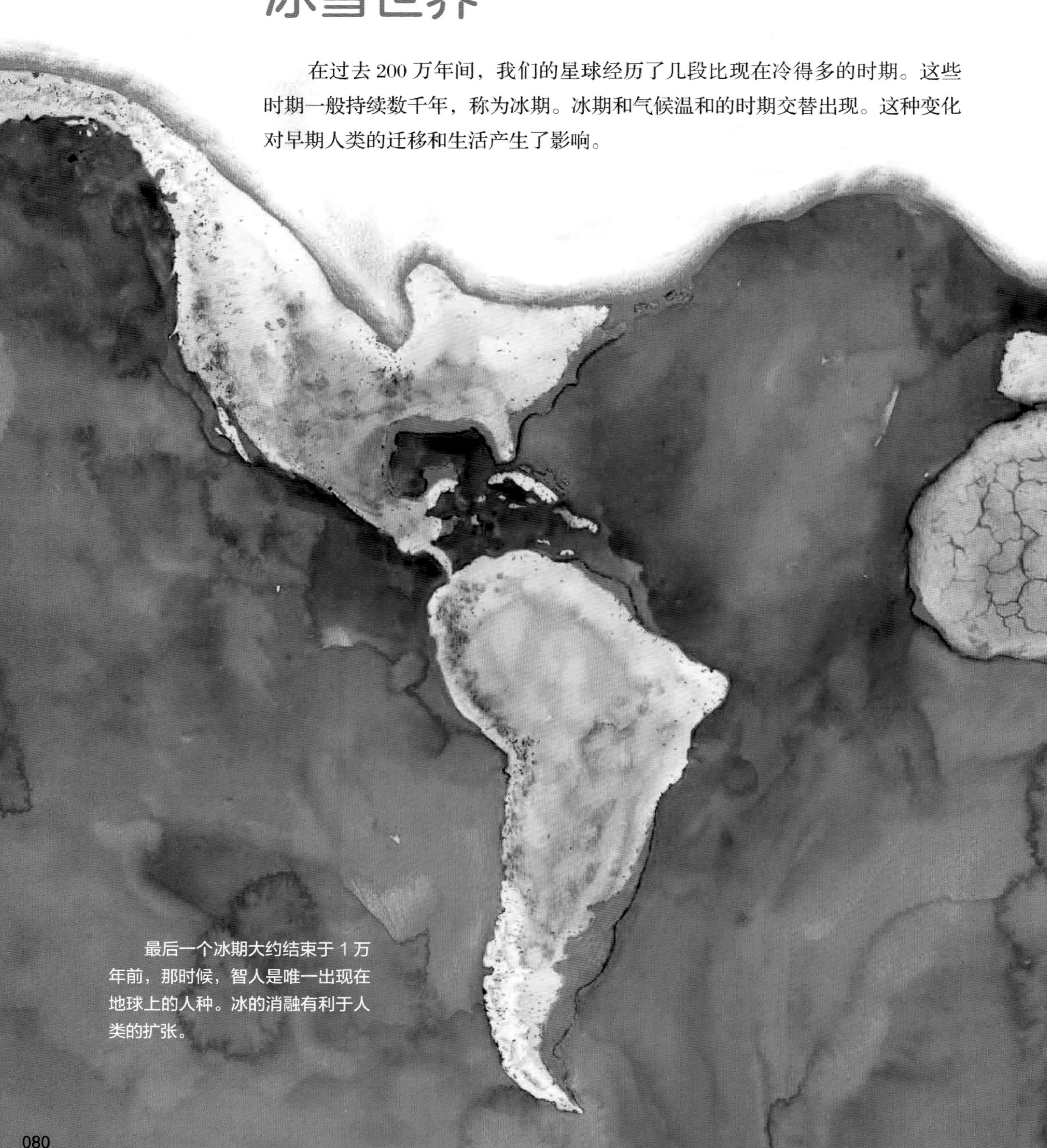

最后一个冰期大约结束于 1 万年前，那时候，智人是唯一出现在地球上的人种。冰的消融有利于人类的扩张。

在最寒冷的时期，冰川厚度可达几千米，覆盖着欧洲和北美洲的大部分地区，这在今天是不可想象的。

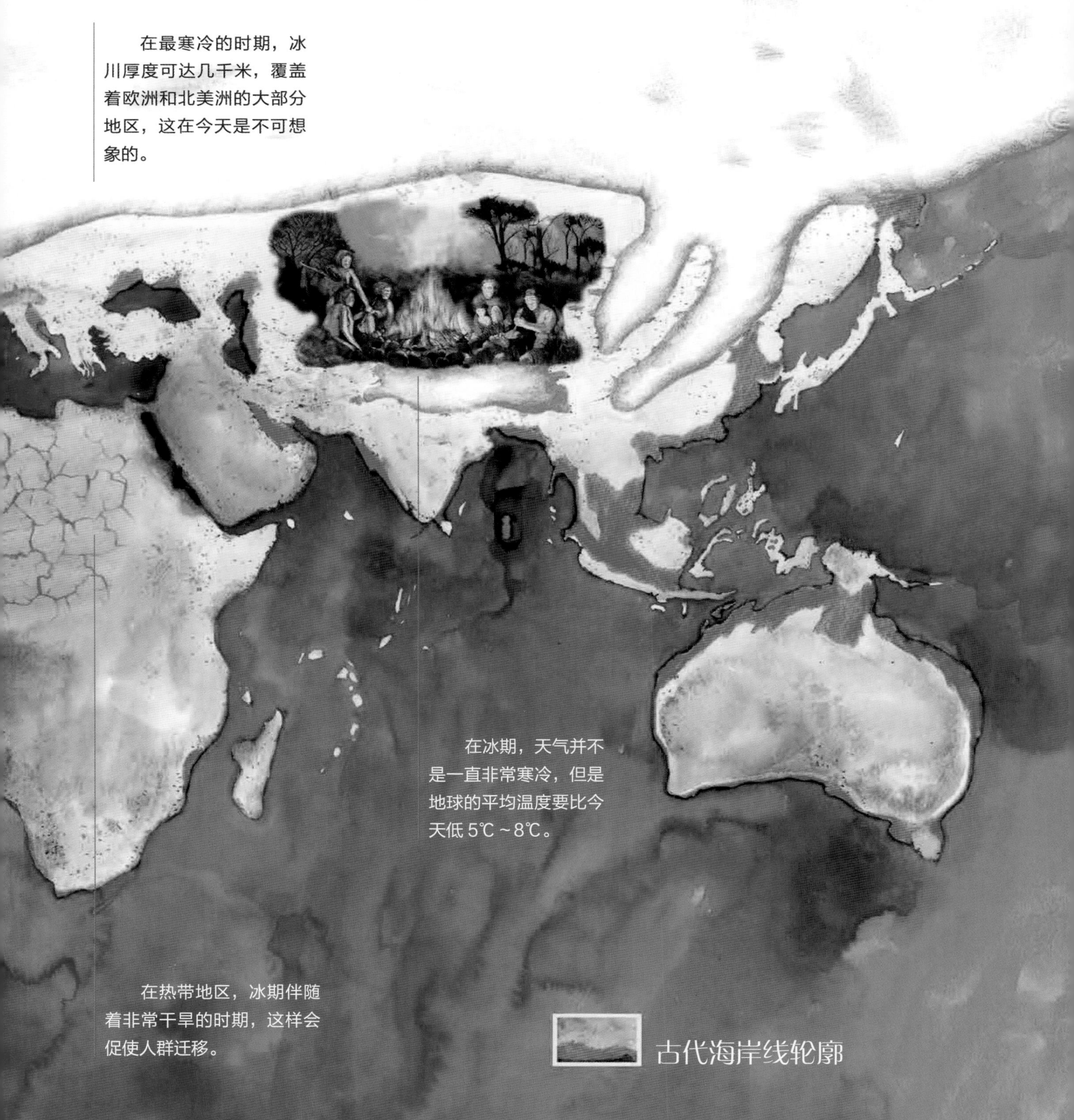

在冰期，天气并不是一直非常寒冷，但是地球的平均温度要比今天低 5℃～8℃。

在热带地区，冰期伴随着非常干旱的时期，这样会促使人群迁移。

一个关于脚和脑的问题

脚和脑的进化，是人类进化过程中非常重要的两个步骤。

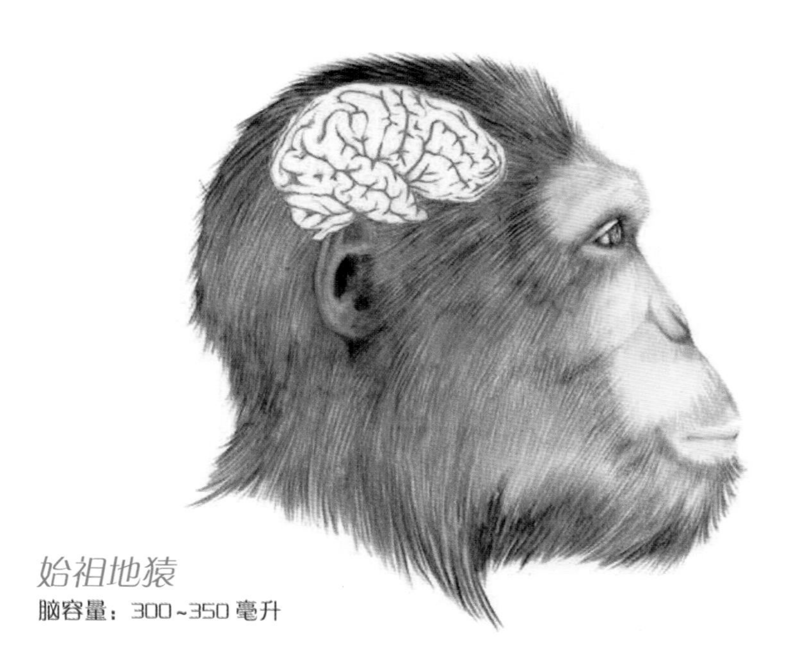

始祖地猿

脑容量：300~350 毫升

大脚趾和其他脚趾分开是为了抓住树枝，毕竟始祖地猿在树上度过了很长时间。

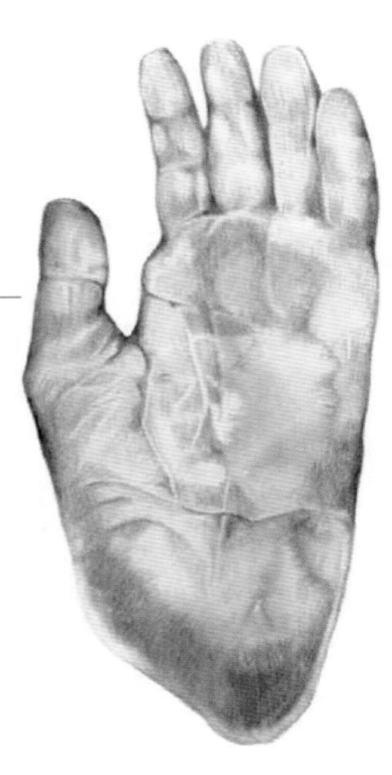

南方古猿因为长时间在地上行走，大脚趾分离的情况已经没有那么明显了。

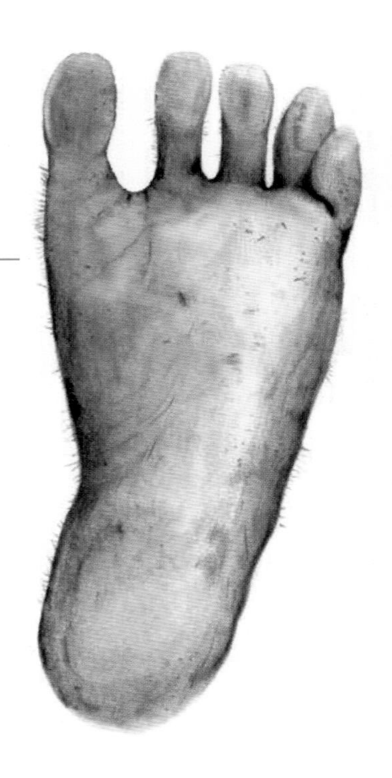

阿法南方古猿

脑容量：380~500 毫升

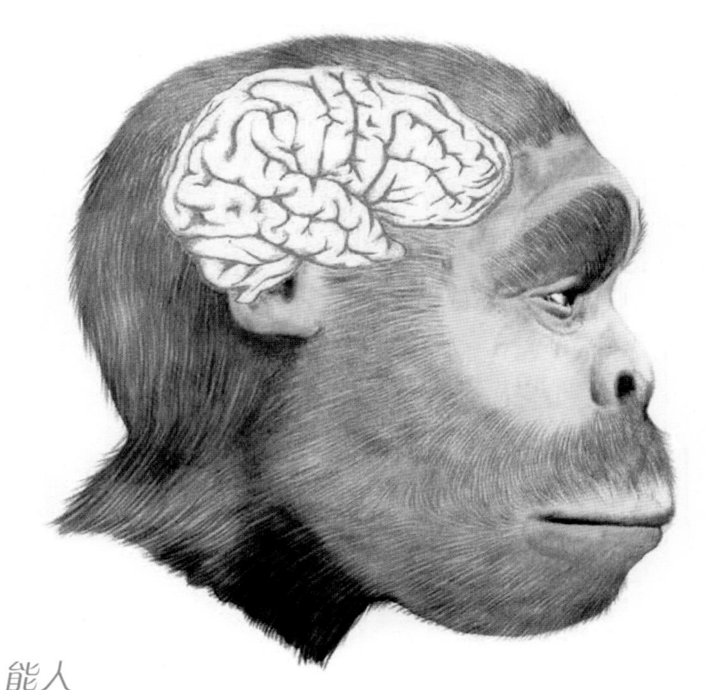

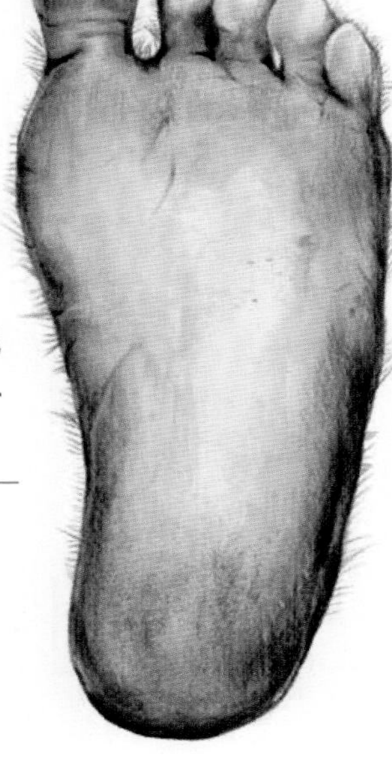

早期人类的脚，已经和今天的我们几乎一样了。

能人
脑容量：600~700 毫升

对生存至关重要的大脑

随着直立行走方式的实现，人类的大脑容量也逐渐增长，但是直到第一批真正的人类（即归为人属的）出现，脑组织才具有比黑猩猩更高的复杂程度。从那时起，人类为生存而面临的斗争，不再是某些特定的身体结构（比如用来保护自己的长牙或便于逃跑的长腿），而是大脑。在随后的数千年中，正是大脑这个器官使我们超越了其他物种。

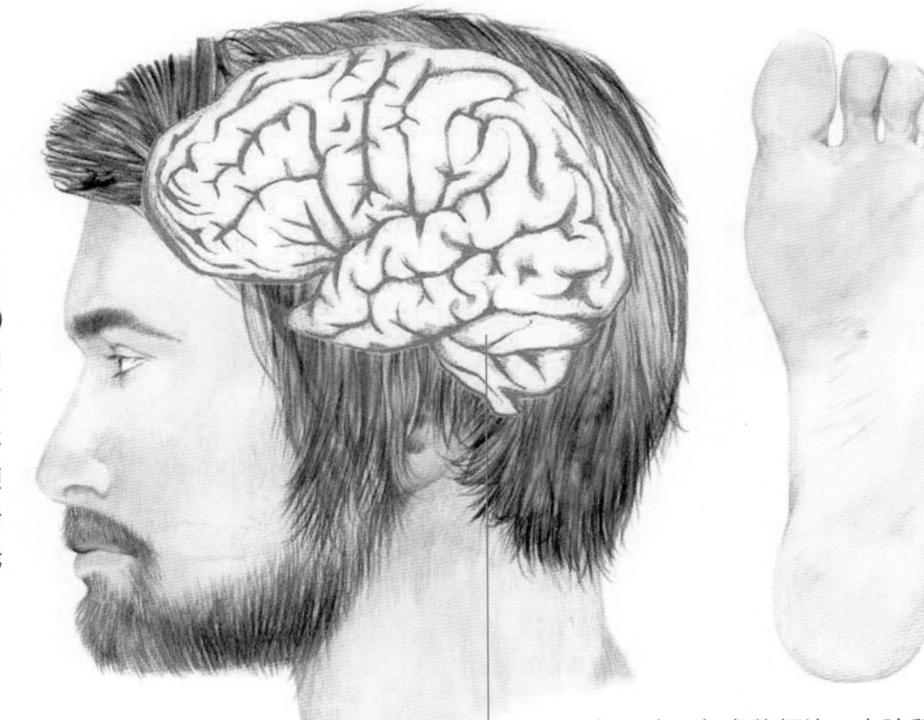

一般而言，与身体相比，大脑所占比例越大，它的作用和能力就越强。拥有一个如此复杂的器官，身体需要付出巨大的代价：大脑消耗了全身 20% 的能量，重量却只占 2%。另外，科学家认为，我们的祖先食用肉类是有助于大脑发育的。

智人
脑容量：1300~1500 毫升

人类进化族谱

在本书开头，我们展示了人类进化的代表性阶段，以一只猿为起点，通过越来越先进的形态，进化到我们今天的样子。因此，人类的历史相当复杂。关于人类进化最重要的发现或许是：进化形式多种多样，并不单一。

尽管南方古猿拥有猴子的外表，但它们与我们人类也有许多共同点，并且在非洲存活到170万年前。本书中还介绍了一些其他物种，关于它们，我们掌握的信息很少，比如在树上自在生活的地猿，它们与南方古猿完全不同，两者间的关系也是未知的。

复杂的全景

不同人种之间的关系尚不清楚，未来的新发现将使我们描绘出更准确的图景。无论如何，除了我们这个时代，在我们的星球上总是同时生活着不同的人种。大约200万年前的非洲，在南方古猿、傍人之间存在四五个不同的人种，之后至少有4个人种分布在非洲和亚洲。

400 万年前

300 万年前

大约 200 万年前，人属族群出现在非洲，生活得不错，他们离开非洲后更是如此。大概 5 万年以前，至少有 4 个人种生活在同一时期：智人、尼安德特人、弗洛勒斯岛上的矮人和亚洲的直立人。当然还有一些其他人种，比如吕宋人和丹尼索瓦人，我们对他们的了解还很少。

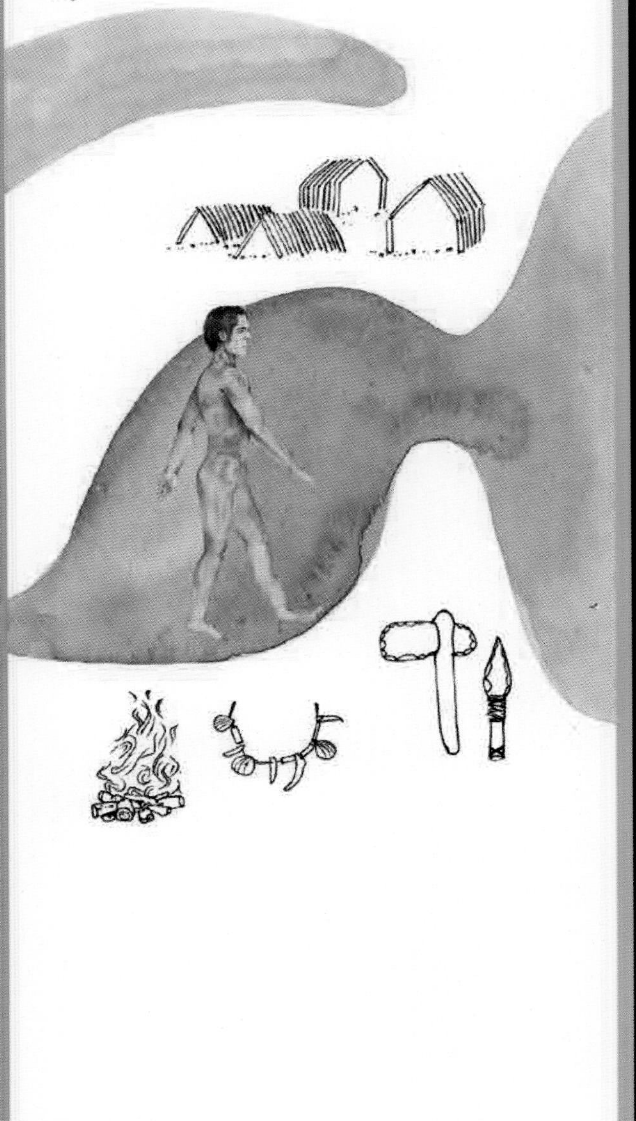

素食的傍人群体是人类进化的分支。在超过 100 万年的时间里，它们快乐地以各种水果、植物、种子和块茎为食。它们消失后为其他人种留下了生存空间。

200 万年前

100 万年前

现在

一双神秘的眼睛正盯着我们。人类最古老的祖先所留下的痕迹，已经遗失在古老的丛林中。

始祖去哪儿了

是谁生活在南方古猿或者与之相似的物种之前呢？这一点我们还不能确定，为了更深入地了解，我们走进了非洲的核心地带。

一个神秘的祖先

读完本书前面的内容，我们知道了最早的人类和直系祖先。但是否进一步向更远古的时期探索呢？南方古猿之前又是谁呢？虽然科学家没有充分的线索，但他们认为有这样一个神秘的祖先，它生活在 700 万 ~ 600 万年前，是人类和黑猩猩血统的起源。

这张图只是一个可能的解释。目前，关于人类和黑猩猩共同祖先的外表，我们还没有掌握确切的信息。

回到过去

如果我们对这个神秘祖先一无所知，又怎么会知道它可以追溯到 700 万～600 万年前呢？这多亏一种名为“分子钟”的特殊技术。

我们知道，DNA 是生命的分子，但随着时间的推移，会积累一些小小的缺陷，这叫作基因突变。通过比较人类和大猩猩的基因突变，我们可以大概了解这两个物种是什么时候分离的。这项技术还能帮助我们构建某些人类族群的起源。

令人尴尬的事实

查尔斯·达尔文是 19 世纪中期一位家喻户晓的科学家，他提出了进化论。他用进化论解释了生物如何世代繁衍变化。他的著作《物种起源》出版时，并没有谈论人类进化的问题，只是简单地说“人类的起源和发展史将被阐明”。当时社会还没准备好接受这个观点，即我们人类是黑猩猩的亲戚。

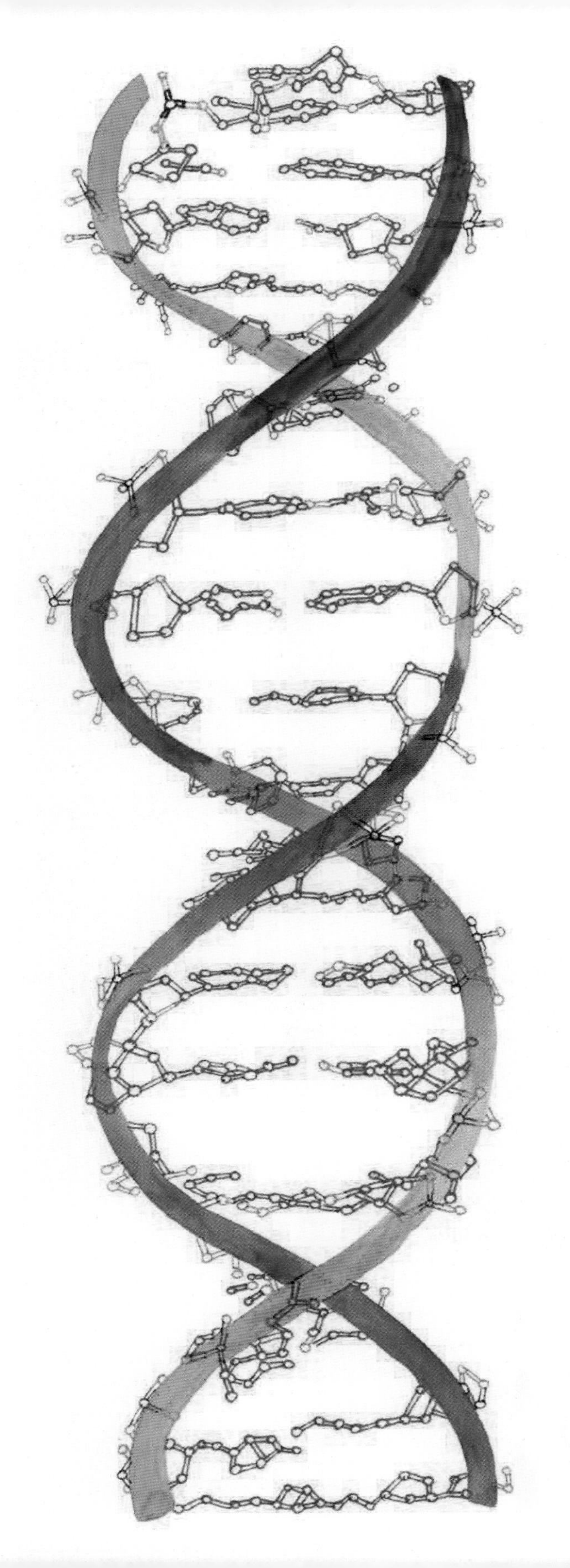

遥远的祖先

古生物学家会不时发现一些古代大型猿类的化石，它们可能和我们人类有着遥远的联系。尽管还不能把它们放在庞大的人类进化族谱中，但它们也值得被了解。

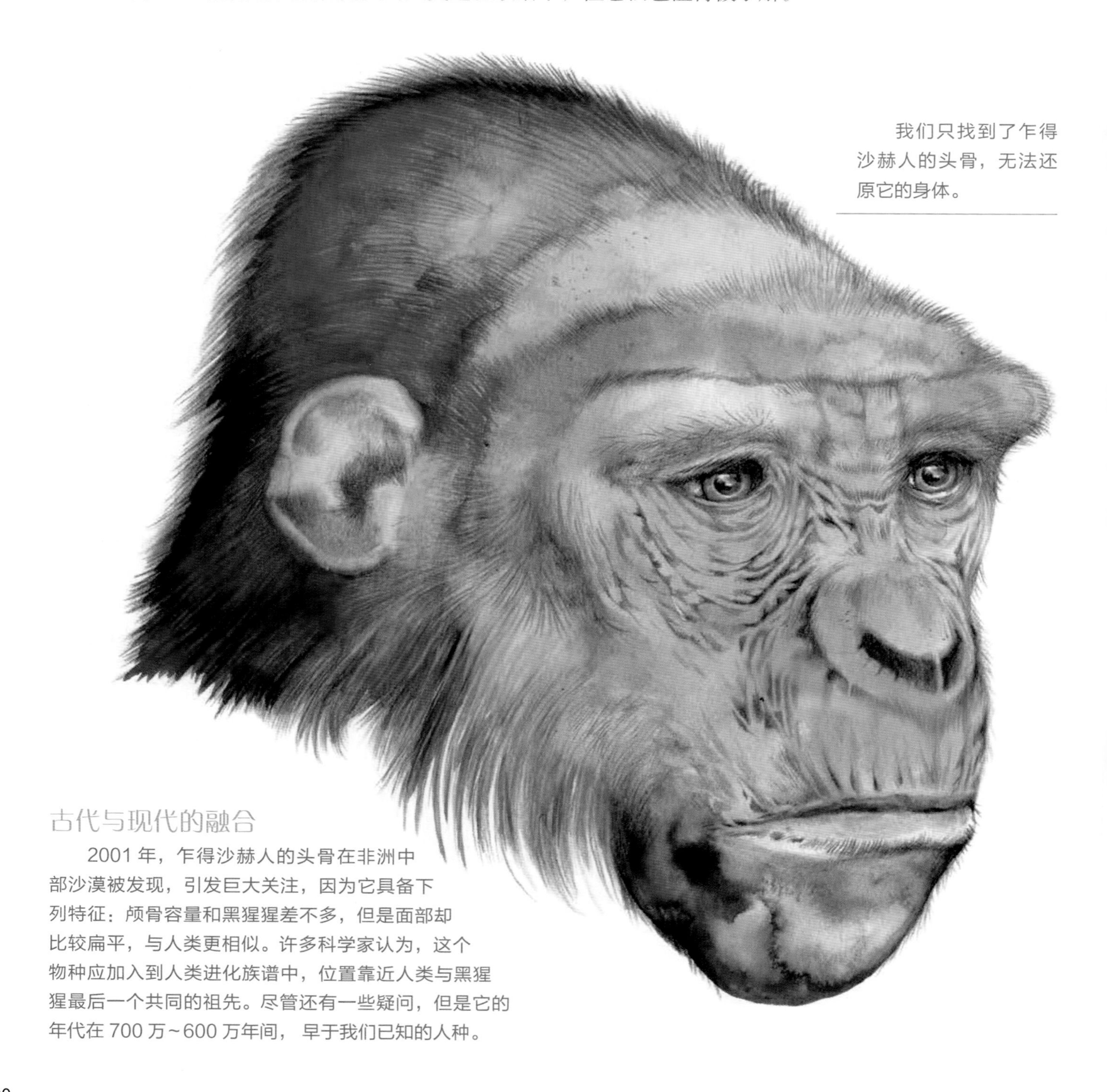

我们只找到了乍得沙赫人的头骨，无法还原它的身体。

古代与现代的融合

2001 年，乍得沙赫人的头骨在非洲中部沙漠被发现，引发巨大关注，因为它具备下列特征：颅骨容量和黑猩猩差不多，但是面部却比较扁平，与人类更相似。许多科学家认为，这个物种应加入到人类进化族谱中，位置靠近人类与黑猩猩最后一个共同的祖先。尽管还有一些疑问，但是它的年代在 700 万~600 万年间， 早于我们已知的人种。

继续向古代探索

原康修尔猿的外表和今天的猕猴相似，但是没有尾巴，生活的年代远远早于人类的时代。它是古代灵长类动物中比较有名的。目前已经发现了 10 多个化石，鉴定出 4 个物种，但是我们仍然不知道它属于哪一边，是人类和大型猿类的起源，还是属于另一种灵长类动物。

一只大型猿类

2004 年，在西班牙发现了一副神秘的猿类残骸，类似于大猩猩和黑猩猩的杂交。从它的身体结构，我们得知它很适应树上生活，因为它有长手臂和短指头。这些化石可以追溯到 1300 万年前，这也许能够说明这种动物是黑猩猩和大猩猩的祖先。

智人的故事

智人是庞大的人类进化族谱中唯一的幸存者。从猎人采集时代到现代信息社会，我们来看看智人这一成功过程的基本步骤。

这里有世界上最迷人的史前壁画，是智人富有创造力的作品。

智人的起源

直到不久前，我们还相信智人大约在 20 万年前诞生于非洲东部或南部，是我们已知的海德堡人的高级形态。但是之后在摩洛哥贫瘠的平原上，在杰贝尔依罗（Jebel Irhoud）遗址中，出土了一些非同寻常的化石，把我们带回到 30 万年前。现代人类的历史比我们想象的还要久远。

时间越来越久远

生活在大约 30 万年前的第一批智人，所拥有的外表和今天来自北非的人们并没有太大不同。这批智人的发现者声称，如果他们戴着一顶帽子走在今天的街道上，也许根本不会被注意。这些杰贝尔依罗人可能是现代人类最古老的祖先，也是在非洲其他地方发现的人类的近亲。大约 20 万年前，这片大陆上就没有智人以外的其他人种了。

虽然我们不能确定，但是最早的智人很有可能用天然颜料在身上着色，就像今天的许多土著人一样。

移动的家族

人类学家认为，非洲是人类的摇篮之一。出现在非洲大陆的第一批智人生活在小家庭中，他们不停迁移，以便寻找食物和更好的生活条件。长而有力的双腿和出色的适应能力，是他们长距离跋涉的保障。

离开非洲

人类总喜欢迁移、探索和调查。持续变化的环境条件，驱使非洲智人多次离开家乡去探索新领地，就像在他们之前的其他人种一样。不得不说，非洲智人的长途跋涉取得了成功。

灾难的幸存者

大约在 6 万年前，亚洲地区（苏门答腊岛的多巴）爆发了一系列大规模火山喷发，整个地球的生态系统都遭受了冲击。DNA 研究告诉我们，也许人类物种也牵涉其中，人类数量减少，形成了科学家所谓的“进化瓶颈”，即某个物种的个体数量突然减少。

这一时期，人类没有固定的住处，他们是流浪者，通常根据季节和食物的情况不停迁移。

征服世界

这样的时期划分很有参考意义。新的发现也可能会大大改变时期划分，就像我们在智人起源问题上已经看到的。

早期人类的迁移既不迅速，也没有规律。最为困难的时期伴随着酷寒和干旱，这就促使他们寻找新的居住地，就算面对千难万险，他们也不会停下脚步。

去往东北的旅途

在最寒冷的冰期，现在的阿拉斯加，以陆地和冰河为桥梁与俄罗斯相连。居住在亚洲东北部的人利用这段桥梁抵达北美，他们发现了一个全新的世界，那里从未有任何人踏足。

走向亚洲

在生存必要性的驱使下，一部分早期人类从北非跨越中东沙漠，向东扩展。

矛头

人类祖先的生活并不简单。人类族群的规模各不相同，这是受到气候变化的影响。科学家认为，这些现象有助于族群的迁移和交流，同时催生了文化创新，比如诞生了用石头制造工具的新技术。

这些是打造级别不同的各类岩石，可追溯到20万年前。

石器时代

通常我们谈论“石器时代”，是为了定义这个历时久远的时期，当时人类的主要技术就是用石头制造工具。旧石器时代开始于大约250万年前，持续到1.2万年前。在这一时期，新的生产方式革新了人类历史，例如农业和畜牧业的出现。

从石头到工具

燧石（一种含硅量很高的沉积岩）是通过打碎大石头获取的。人们从碎片中挑选形状更合适的燧石进行打磨和加工，最后能做成一支两面的矛头。

文化的进步

大约 4 万年前，在非洲以外的亚洲和欧洲就有智人存在。这些人过着小型群居生活，但是他们一直在进化：制造各种工具，制作小雕像，并且很有可能说着一种发音清晰的语言。

古代欧洲人用骨制的鱼叉捕鱼，鱼叉上的小锯齿能够勾住鱼。
用木头、石头、骨头和象牙打造的雕塑品是这一时期的另一发明。

狩猎猛犸

有了新制的石器，智人（还有幸存的尼安德特人）不但能保护自己，还能捕获体形更大的动物，比如一种叫猛犸的现在已经灭绝的大象。猛犸生活在平原上，气候寒冷时也会出没。狩猎是一项非常危险的活动，但是一只猛犸能解决一群人几个月的生计——它可以提供肉和毛皮，象牙和骨头还能用作工具。

有的人将猎物驱赶到特定的地方。

人类可能会将猛犸逼到一个沟壑，使其掉入布置好的陷阱。
然后用长矛刺杀猎物。

生火

人类用火的历史已经超过 100 万年，火不但能够烤熟肉类，还能取暖，甚至还能在夜晚照明。当然，人类的祖先首先学会的是收集自然火种，并保存下来以备再次使用。之后，他们学会了人工生火，这是一项伟大的创举。

使用弧形木棍生火的技术

只需要一些小木棍，有时候再加上一段绳子，不停地快速旋转就能生着火了。

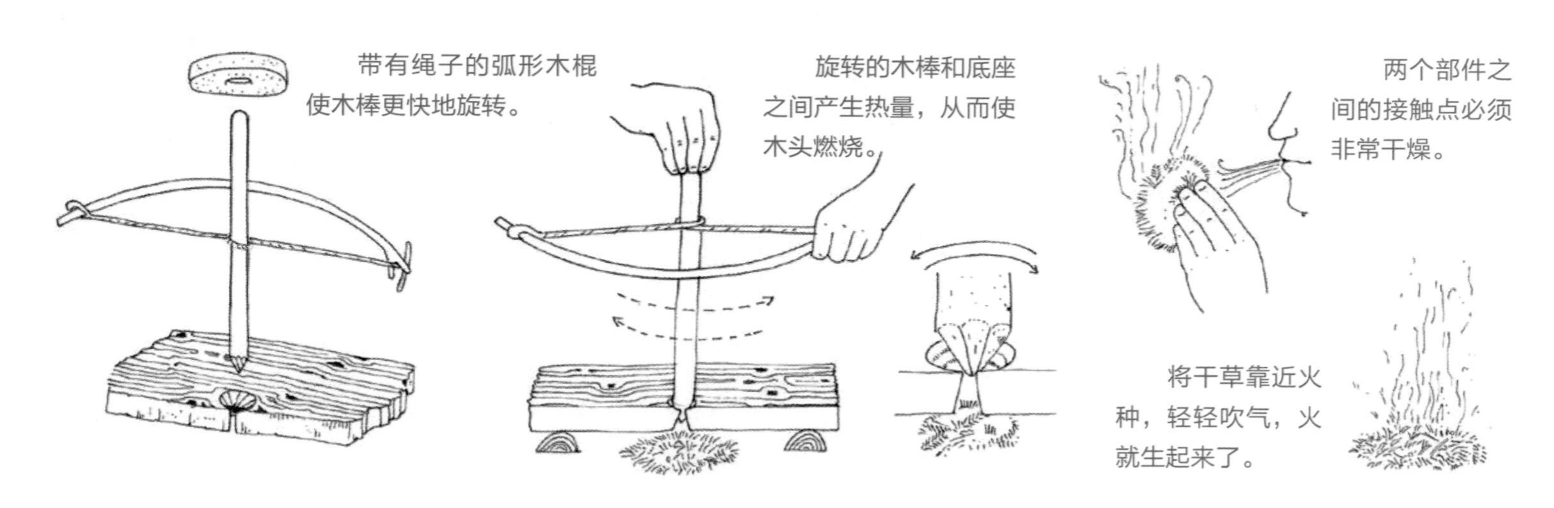

越来越多样的菜单

人类完全掌握了生火技术，并且能制造新的工具。这就保证了食物的多样性，并且有助于更好地吸收营养。人类的祖先会烹饪和食用各种食物，不仅有肉、鱼和各类植物，还有蘑菇、昆虫和蜂蜜。

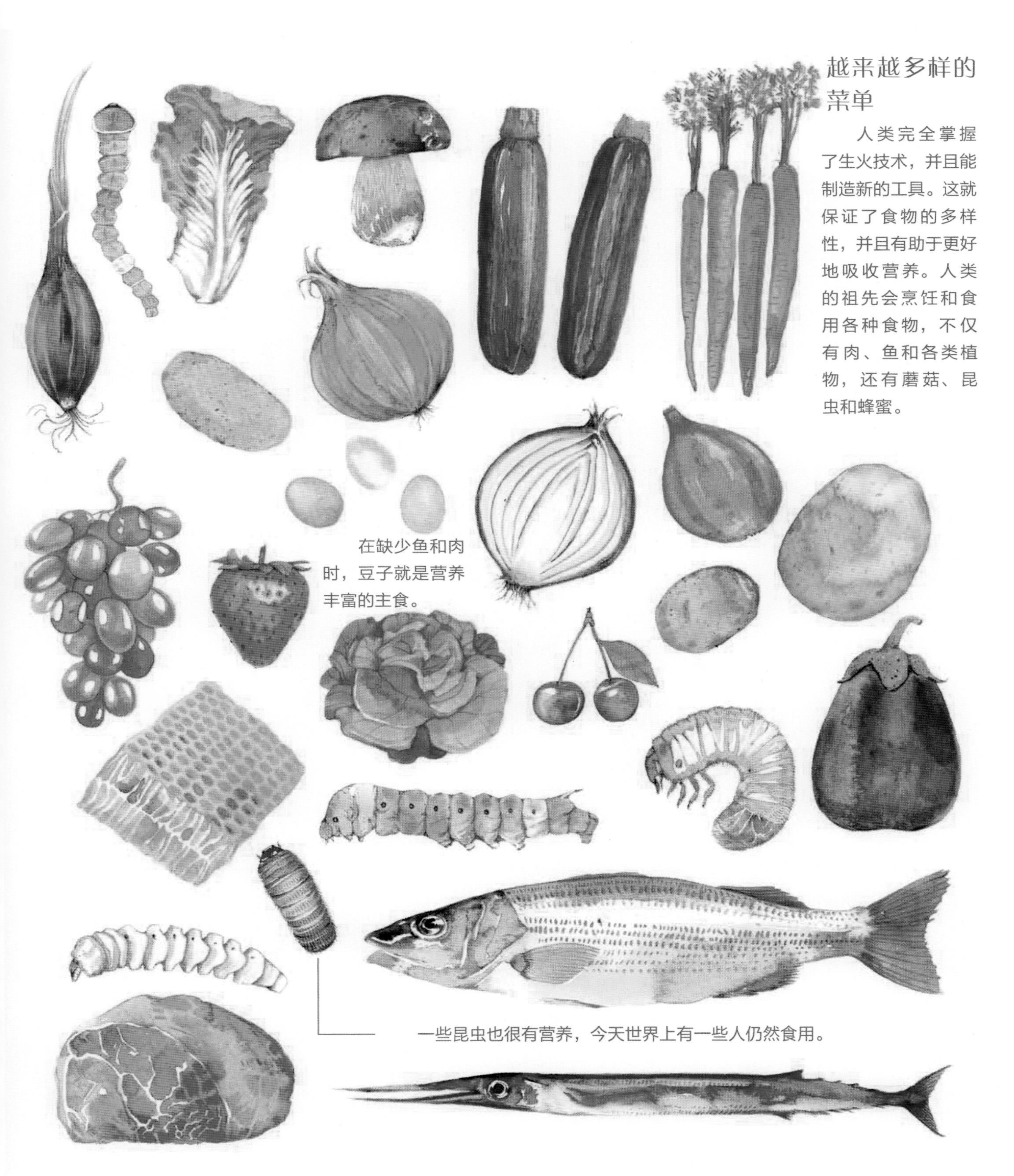

在缺少鱼和肉时，豆子就是营养丰富的主食。

一些昆虫也很有营养，今天世界上有一些人仍然食用。

闲暇时间

学会生火不仅能让原始人类取暖、吃上熟食、吓退大型野兽，还能驱散长夜前的黑暗，带来一些“闲暇时间”。

围绕着火堆，在居住的小木屋中，人们讲着白天发生的事情，讨论和制订未来的计划。

毫无疑问，这样的活动使人类的语言越来越清晰和复杂。

这个时期，出现了非常迷人的雕塑，比如这一尊用象牙制成的人狮像。

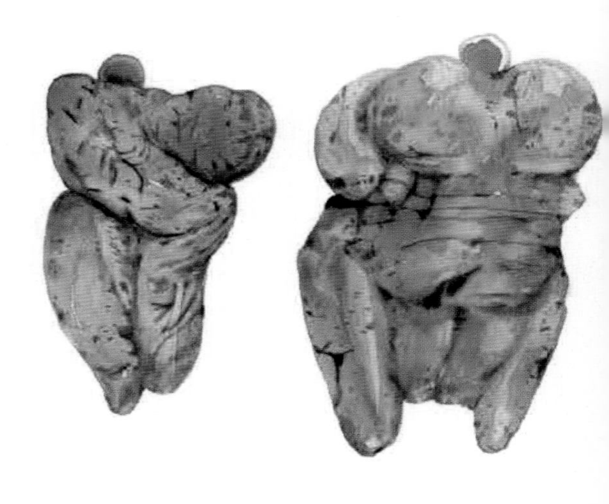

第一个乐器

这个骨制长笛可以追溯到 3.5 万年前，可能是人类历史上第一个乐器。重新制作的复刻版长笛仍然能发出声音，还能够吹出一些旋律。

光和热彻底改变了人类祖先的生活，因为他们可以借着光和热进行大量的夜间活动，这在之前是无法实现的。

艺术的诞生

1940 年，在法国西南部的拉斯科洞窟石壁上，发现了精美的画作。这些洞窟壁画创作于大约 3.6 万年前，主要内容是一些动物和其他具有象征意义的生物。

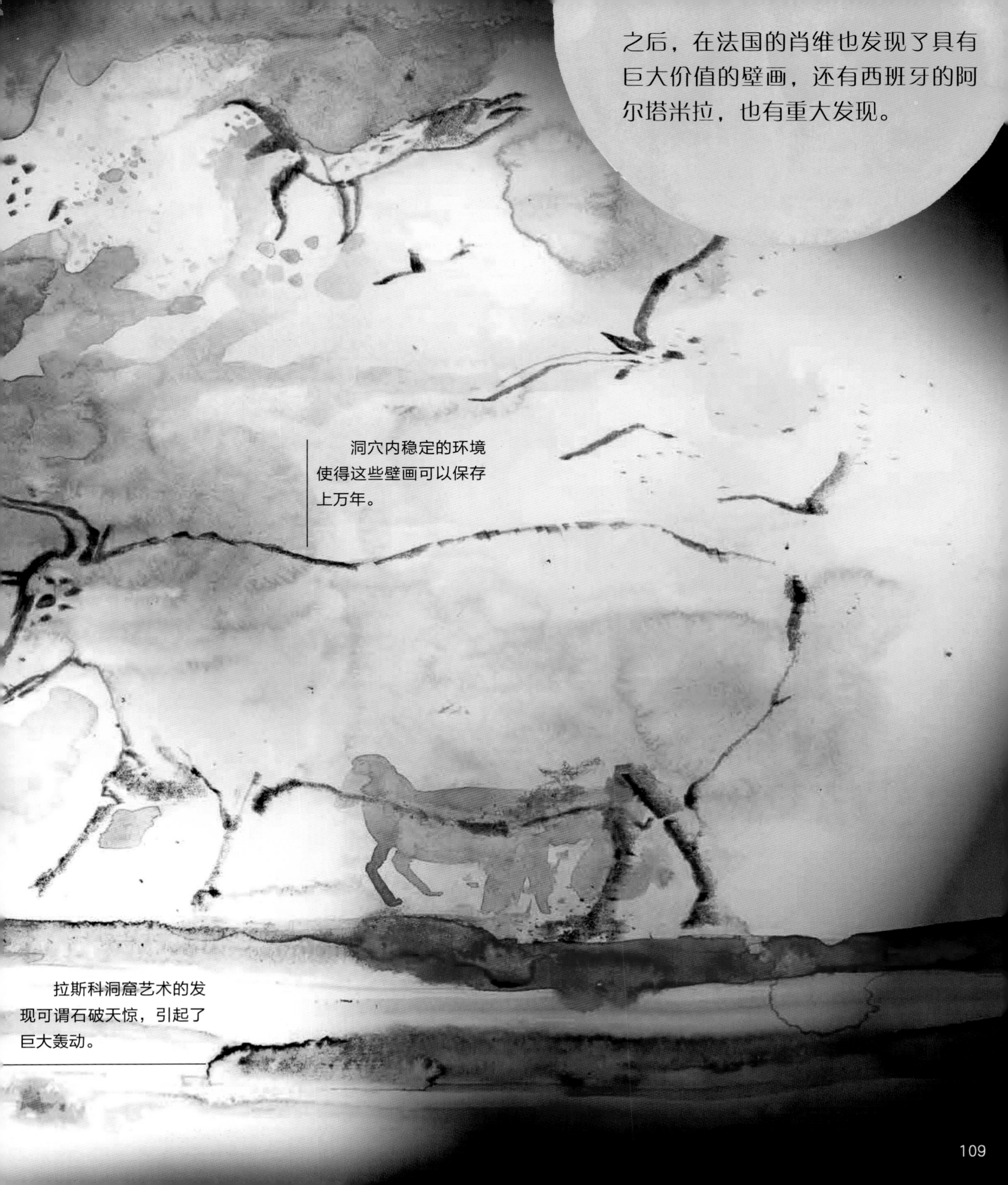

之后，在法国的肖维也发现了具有巨大价值的壁画，还有西班牙的阿尔塔米拉，也有重大发现。

洞穴内稳定的环境使得这些壁画可以保存上万年。

拉斯科洞窟艺术的发现可谓石破天惊，引起了巨大轰动。

精神生活的开始

为了发挥集体的智慧和力量，提高狩猎效率，人类发展出了越来越复杂的语言。语言又促进了思想的诞生，思想又促进了艺术的诞生，音乐和舞蹈成为了早期人类的艺术活动，人类的精神生活开始了。

对未知的解答

在人类不断的探索中，他们常常面对自己不理解的现实：自然循环、星辰运转、植物的药性、动物的行为，还有亲人的疾病和死亡。因此，一些人成为未知世界的诠释者。

这些诠释者身上的饰品以及醒目或危险的动物元素，表明了他们在群体中的重要性。

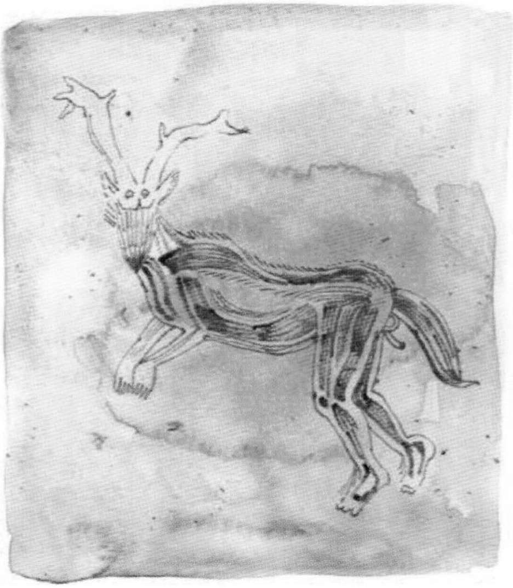

在法国的一个洞穴里，发现了
一幅1.3万年历史的半人半兽画像。

整个头饰都是由串在
一起的小贝壳做成的。

用猛犸的象牙
制成的首饰。

王子

一个 16 岁男孩的骨骼化石，在意大利北部的阿莱内 · 坎迪德洞穴被发现，这个距今约 2.5 万年的男孩，是早期人类下葬仪式中非常重要的代表。尽管他非常年轻，但是坟墓中有不少用贝壳和猛犸象牙制成的贵重物品，所以他被称为阿莱内 · 坎迪德王子。他的死因是头部和肩膀受了重伤，是由类似熊或大型猫科动物造成的。

走向澳洲

大约 5 万年前，成群结队的勇敢智人，跨越一座又一座小岛，最终抵达大洋洲。这是一块完全未知的陆地，那里生活着特有的动植物。这些开拓者迅速适应了当地生活，在各处繁荣发展。他们的后代生活在现在澳洲的各个地区。

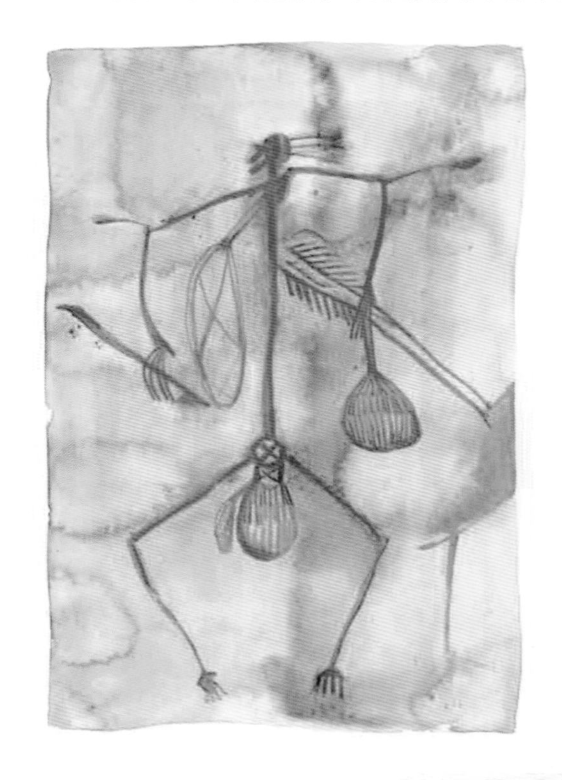

原始画作

澳洲祖先的壁画艺术在主题上和同时期出现在欧洲与亚洲的有所不同，证实了他们早在 3 万年前，就已经有丰富的精神和艺术活动。

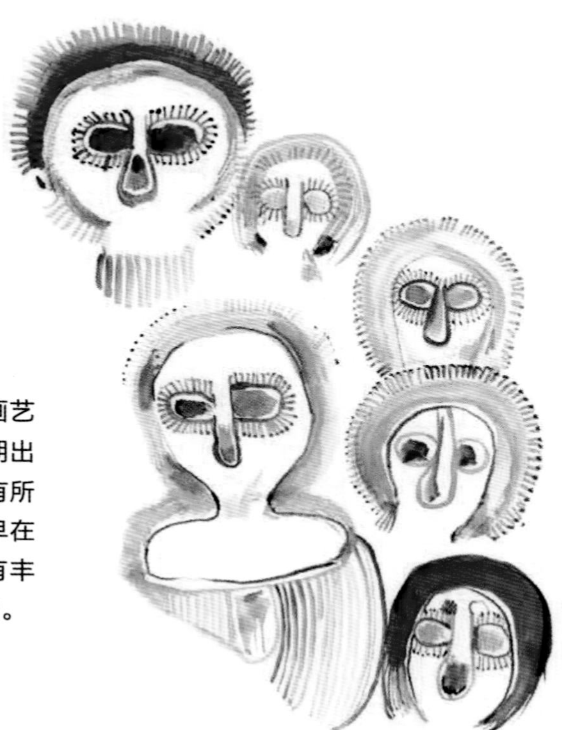

线条穿过了腹部和手臂，古代画家用这样的线条表示整个身体。

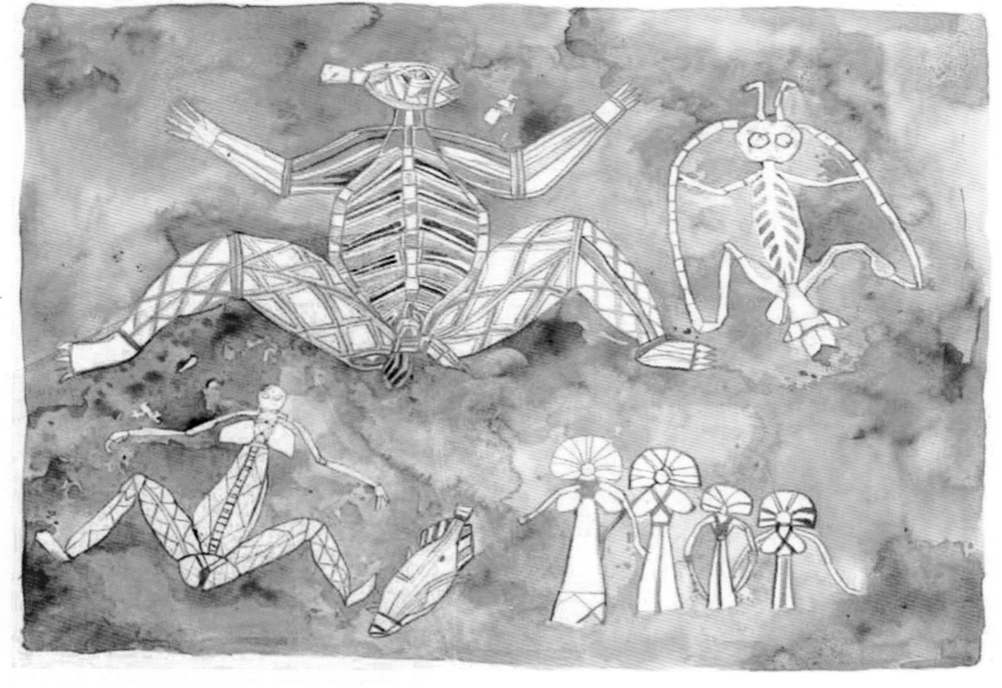

面对一群带着各种武器的猎人，一只袋狮不得不退缩。

一切都有待发现

早期人类在大洋洲定居时，大陆上生活着一些非常独特的动物，但它们现在已经灭绝了。其中最神秘的是古巨蜥(*Varanus priscus*)和袋狮(*Thylacoleo*)。古巨蜥身长大约 6 米，袋狮则是一种奇特的有袋类狮子，体型相当于一头豹子。装备了长矛和长斧头的古代探险家能够猎杀最危险的动物。

人类抵达美洲

和澳洲的情况一样，早期来自亚洲的人类抵达美洲后，也要面对从未见过的奇特动物。

身高 5 米的地懒正
在撸下树枝间的树叶。
泰坦鸟不会飞，它是
一种大型肉食鸟类，身高
超过 2 米。也许在人类到
达这片陆地之前，它们就
已经灭绝了。

大灭绝

所有美洲的神秘且惊人的大型动物都已灭绝，这也许是气候变化造成的，但是许多科学家认为，从亚洲迁移来的游牧猎人，猎杀了大量的动物。

大约5万年前，也就是从北美洲来的人类抵达南美洲之前，曾有一座陆桥连接北美洲和南美洲，之前这两片陆地是分离的。

这座桥让动物可以自由迁徙和接触，因此，那些无法适应竞争的动物就消失了。

一个古老的“签名”

在阿根廷南部巴塔哥尼亚的山洞里，发现了几百只画在石壁上的人类手掌像，这就是洛斯马诺斯岩画。这些画像是北美洲的猎人后裔留下的，有1万年的历史。在澳洲和非洲也发现了类似壁画，充满现代意义又耐人寻味。

克洛维斯之尖

大约 1.3 万年前，在北美洲出现了精美的石制箭头和矛头，称为克洛维斯之尖，发现地是新墨西哥州的克洛维斯。这些都是美洲原住民（古印第安人）打造的精巧武器。这些猎人肯定有能力杀死食草动物，并且抵御当时在相同地点出没的剑齿虎、熊和巨型狮子。

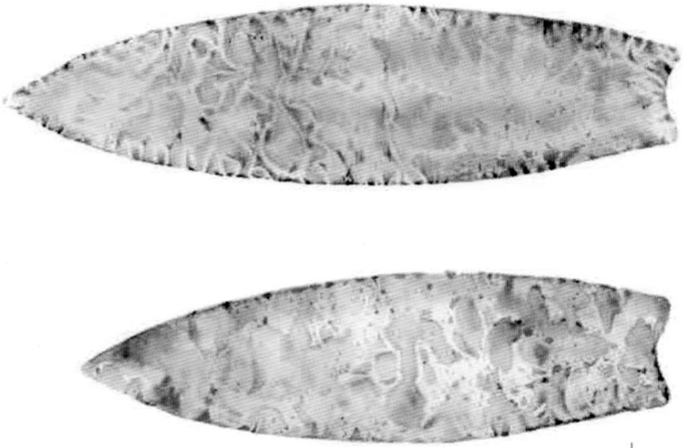

克洛维斯之尖是石头制成的锋利尖头，两侧都有打磨出来的底座，可以固定在木头上。

乳齿象的长牙可以用来搭建临时住所。

人类的好朋友

大批狼群出没在欧洲和亚洲，那里也是人类居住的地方。当然这两个物种之间不会友好相处，因为他们都要捕获同样的猎物。之后事情却发生了变化，人类和一些狼群之间产生了某种默契。

这些是在人类露营地附近留下的食物残余。

驯化的狼

狼是大胆且足智多谋的动物。某些狼会靠近人类营地，吃残留的食物。人类也并不总是带有敌意，经过长时间的接触，一些狼群开始和人类生活在一起。今天的狗就是这些古代狼的后代。

人与狼

在过去 1 万年中，这两个物种越来越亲密。狼可以看家、狩猎、陪伴人类，和大人、孩子一起游戏，以此得到食物和照顾。随着时间的流逝，狼的体形变得更小，攻击性也慢慢减弱，因为人类更喜欢它们这样的特质。在过去的几千或几百年中，这些动物已经变成了原始狗，它们通过杂交和选育，繁衍了今天不同品种的狗。

有一项为期 30 年的著名实验，俄罗斯科学家通过对野生狐狸的数代繁衍，成功地驯化了它们，并挑选出其中最友好的。也许人类的祖先在驯化狼时，花费了更长的时间。

狩猎采集者的生活

所有人类社群都是游牧式的。我们可以想象这样的场景：数十个成年人组成了临时营地，他们身后跟着成群的孩子，随着食物和季节的变化不断迁移。他们打猎、捕鱼、采摘植物。当时，他们已经使用专门的石器处理蔬菜，以获取可食用的粉状物质。

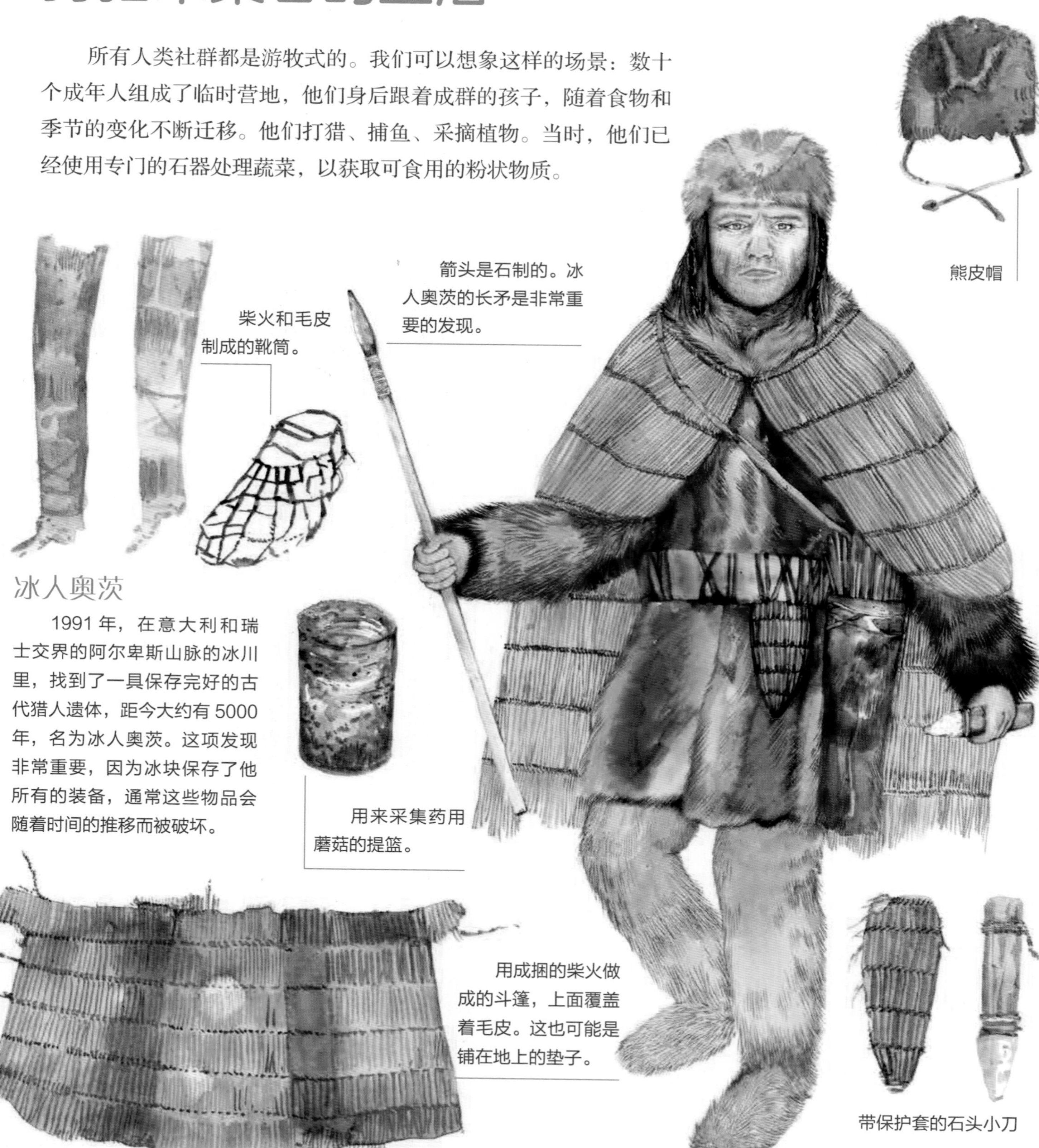

熊皮帽

箭头是石制的。冰人奥茨的长矛是非常重要的发现。

柴火和毛皮制成的靴筒。

冰人奥茨

1991 年，在意大利和瑞士交界的阿尔卑斯山脉的冰川里，找到了一具保存完好的古代猎人遗体，距今大约有 5000 年，名为冰人奥茨。这项发现非常重要，因为冰块保存了他所有的装备，通常这些物品会随着时间的推移而被破坏。

用来采集药用蘑菇的提篮。

用成捆的柴火做成的斗篷，上面覆盖着毛皮。这也可能是铺在地上的垫子。

带保护套的石头小刀

采集活动

在许多人类社群中，男性体格更健壮，通常负责狩猎和保护族群，女性则负责采摘水果、种子、草药和制作各种食物，她们还要抚养孩子，管理营地。这样的分工是许多人类社会的基础。

采集活动也包括收集蜂蜜，这已经被这幅具有 2 万年历史的画作所证实。

为了方便采集，她们肩膀上背着用枝条编织的筐子，跟今天的背包相似。

这支长矛的矛头用火烤过，用来防身。

技术的进步

新的石材加工技术，加上对动物的驯化和农业的诞生，标志着人类历史新时代的到来，这就是新石器时代。新石器时代始于大约 1.2 万年前，也就是旧石器时代的末期，结束于出现第一批锻造金属的 7000 年前。这期间出现的工具包括弓（用绳子、动物肌腱和各种木头制成）、斧头和越来越精巧的长矛。

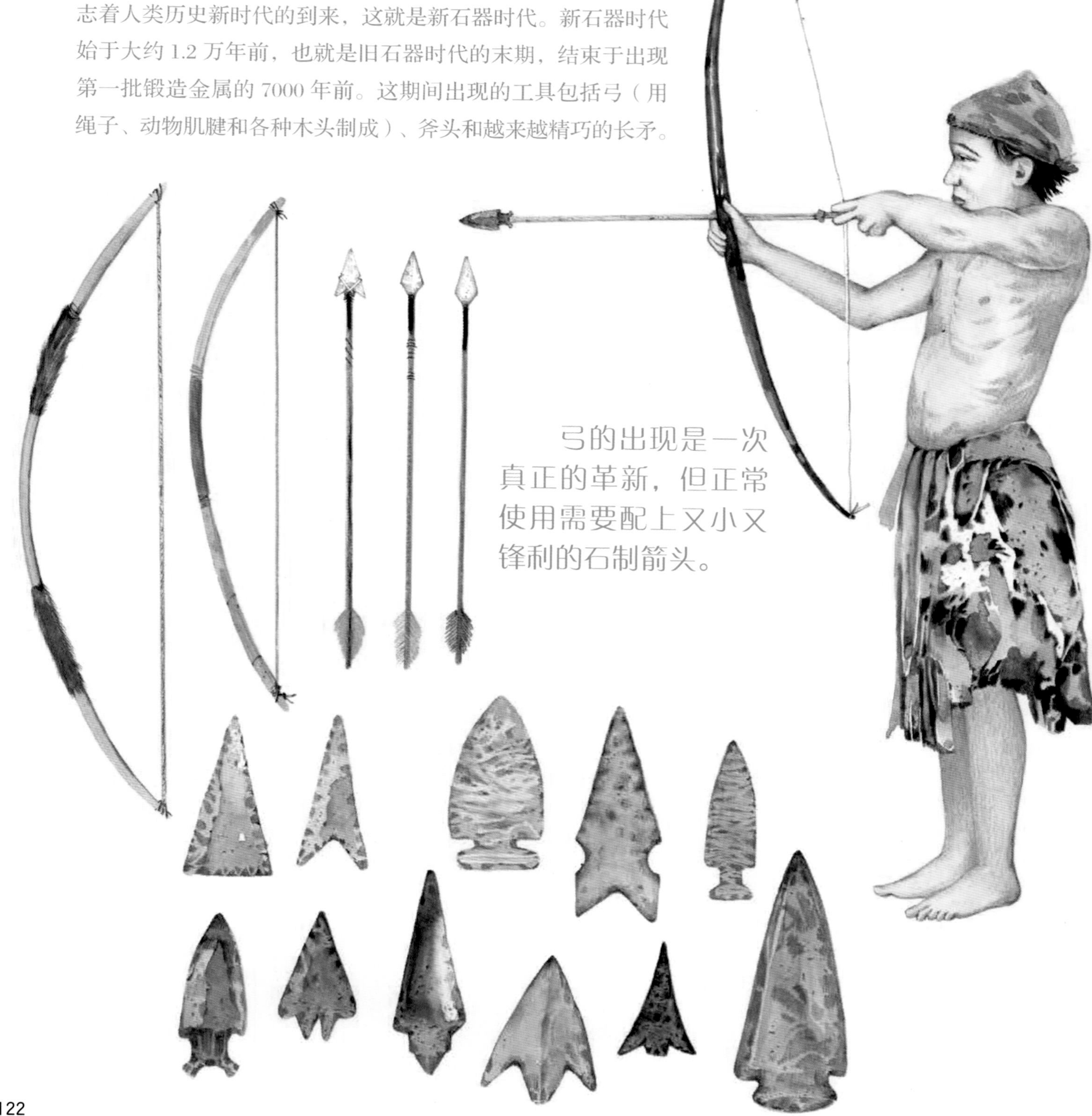

弓的出现是一次真正的革新，但正常使用需要配上又小又锋利的石制箭头。

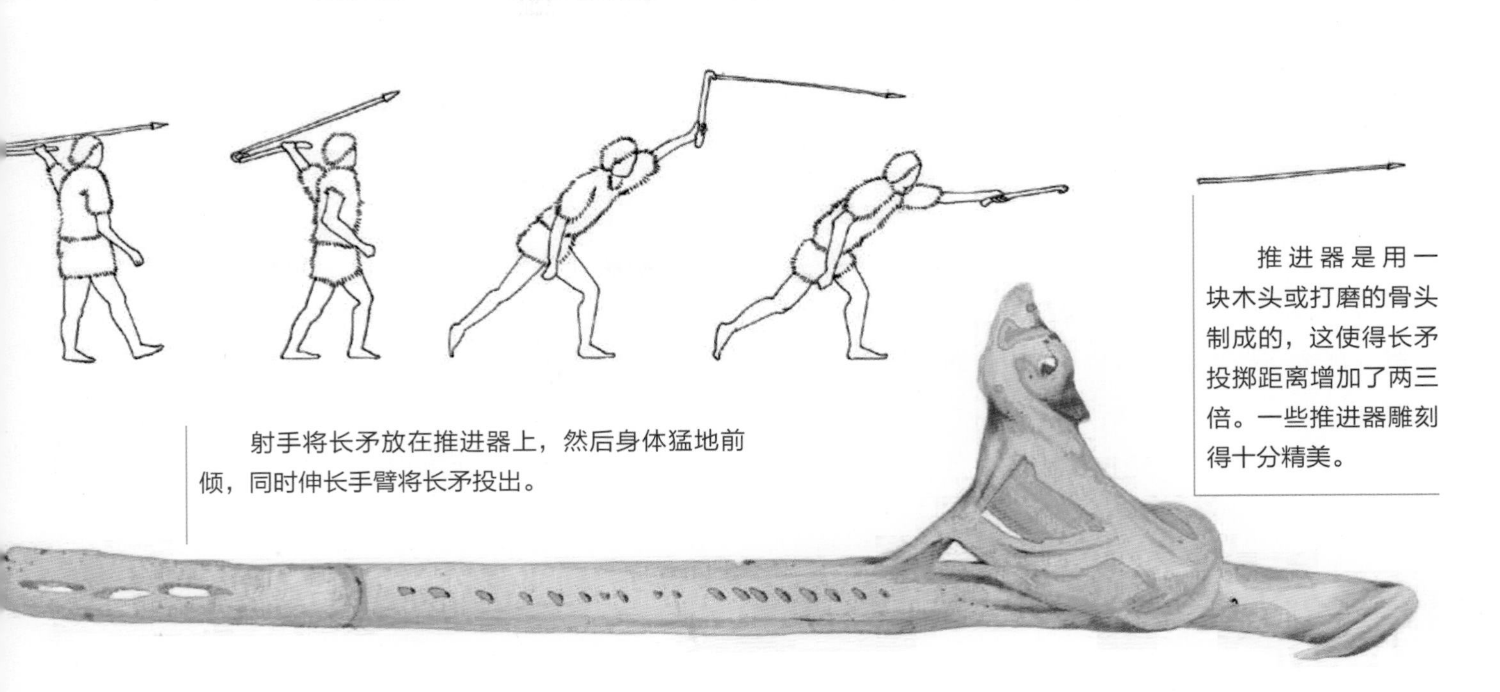

射手将长矛放在推进器上，然后身体猛地前倾，同时伸长手臂将长矛投出。

推进器是用一块木头或打磨的骨头制成的，这使得长矛投掷距离增加了两三倍。一些推进器雕刻得十分精美。

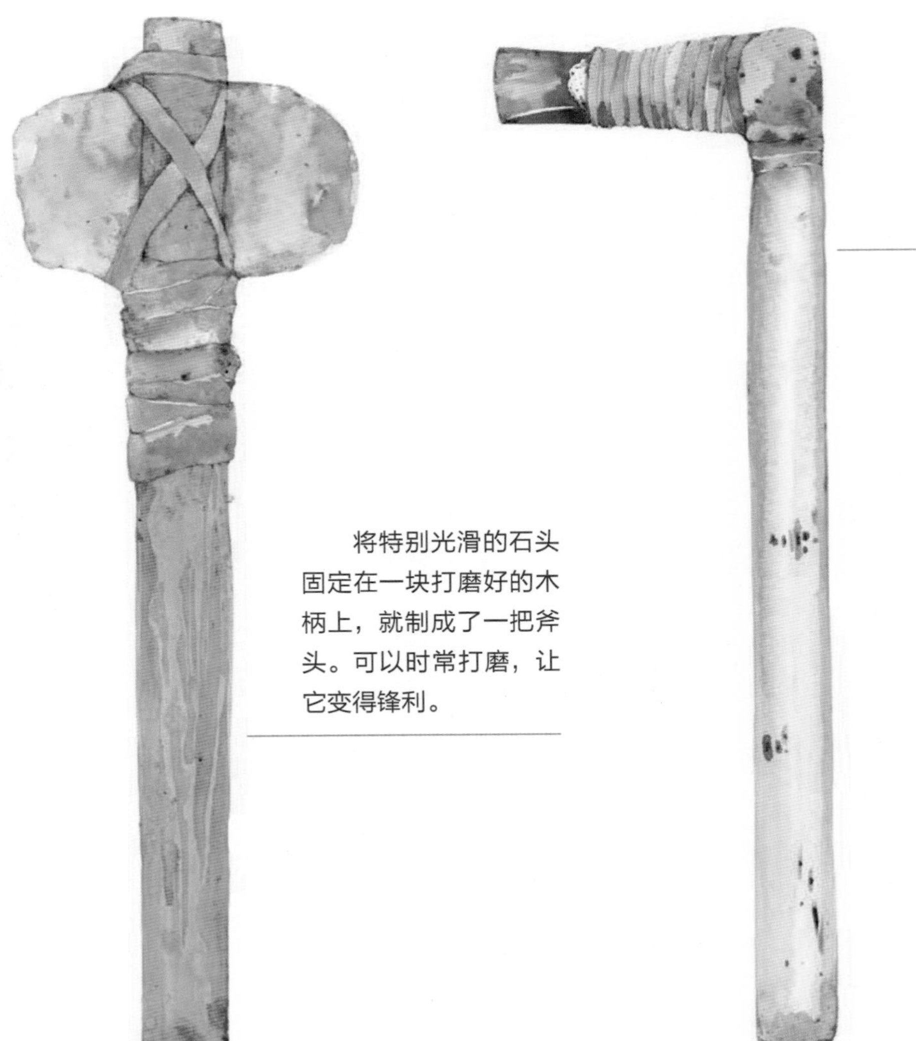

冰人奥茨的斧头和这把一样，而且上面还有铜制的刀片，这是加工的金属工具，是真正的创新！

将特别光滑的石头固定在一块打磨好的木柄上，就制成了一把斧头。可以时常打磨，让它变得锋利。

虽然看起来不起眼，但是骨头磨成的针可以把皮毛缝在一起，用来制作更耐穿和更舒适的衣服。

扩展到太平洋

人类乘着小船，从今天的印度尼西亚群岛出发，经过了一座又一座小岛，一路向东，最终抵达了澳洲北部。最远的一些岛屿，比如位于太平洋中部的夏威夷群岛，是在“近期”才被占领的，时间是 2500 ~ 3000 年前。

那些更小更偏远的岛屿，是在最近 3000 年才有了人类的足迹。

3 万年前，航海家们划着小船，开始在澳洲附近的岛屿活动。

鱼人

直到今天，还有巴瑶族的人生活在印度尼西亚群岛上，他们住在高高架在水中的草屋里或船上，在珊瑚礁上捕鱼，跟数千年前一样。他们是潜水好手，能在水下屏住呼吸持续两三分钟。这些人的祖先中，很有可能存在着一批开拓者，到达过东南亚的诸多岛屿。

从猎人到农民

大约 1.2 万年前，冰川消退，温和的气候为居住在温带的人们开启新时代创造了良好的条件。其中，一些人种植曾经吃过的野生植物。驯化动物和种植植物的行为源自居住在亚洲的人类，这些行为在之后的数千年传播到世界各地。

山羊是较早被驯化的动物。

随着耕地的开发，第一批稳定的居住地出现了。
猫正在捕捉由于人类活动被吸引来的老鼠。人们和这些猫科动物建立友谊并没有花费很长时间。
人类种植谷物，这有利于囤积食物。

外表之下

如果根据每个人的外表（例如面部轮廓、肤色等特征）来重建人类历史，那么我们会犯下很多错误。DNA 告诉我们，在外表之下所有人都是近亲。

非洲，多样化的土地

科学家认为，这片土地上诞生了智人和许多古老的人类。非洲民族是非常古老的，而且他们彼此之间联姻的程度不高，所以相较于其他大陆的人类呈现出更为明显的遗传多样性，而其他大陆的人类可能都是较早离开非洲那群人的后代。

相似但不是近亲

不是近亲的人也可能拥有相似的外貌。因为他们生活在高度相似的环境中，日照程度、气候、饮食都会使得人类为了适应环境做出相应的改变。

喀拉哈里的布须曼人

即使在今天，仍然有少数人是按照传统方式生活的，远离现代社会。比如生活在非洲南部喀拉哈里的布须曼人，他们是沙漠里的生存大师。

布须曼人从沙漠中获取他们需要的一切，他们会充分利用每一份资源。

他们用小弓箭来打猎，箭头在某些甲虫身上提取的毒液中浸泡过。

亚马孙的印第安人

在亚马孙茂密的雨林中隐藏着不同的民族，他们通常被称为印第安人，其中一些人从来没有和现代人类打过交道。他们仍然按照数万年前的方式过着集体生活，没有财产和货币，他们是这个星球上最后一批真正的“自由人”。

头上的羽毛取自丛林中像鹦鹉这样的大型鸟类。

箭上的毒取自彩色青蛙，这种青蛙的皮肤含有剧毒。

箭筒可以发射毒箭，捕捉树上的猴子和小鸟。

因纽特人

说起应对冰雪世界的生活，没有人比因纽特人更出色。这些人生活在小村庄中，根据需要和狩猎季进行迁移。他们以捕鱼和捕捞海豹为生。

除了鱼类和海豹，因纽特人的猎物还包括驯鹿、鲸鱼、软体动物和壳类动物。

狗是帮助因纽特人驾驭雪橇的好伙伴。

冰屋是用冰块建成的传统房屋。它的内部比我们想象的要暖和。

所有人都穿着厚厚的海豹或者驯鹿皮制成的衣服，一年四季都非常温暖。

开始书写

亚洲的农业社会促进了人类的交流，也因此诞生了早期的书写形式，丰富了口头语言。最早出现的是“号码牌”，是一种陶土制成的小圆牌，用来记录数量，不久以后，人们就开始在专门的板子上写字。

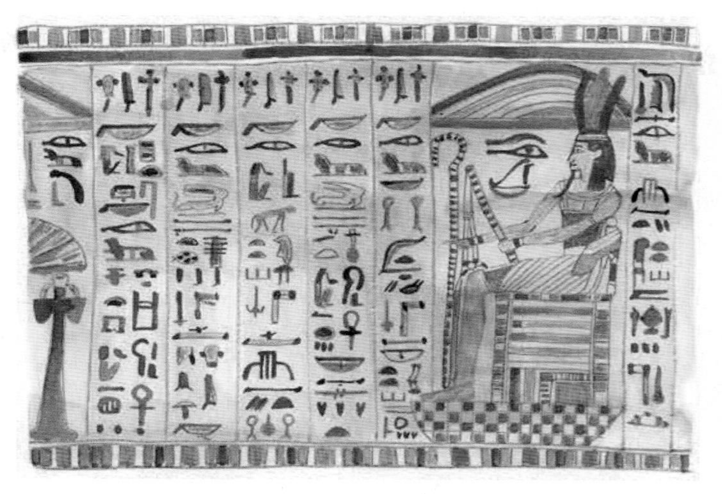

图形替代话语

关于书写，引人注意的代表之一是古埃及人的象形文字，每一个物体都用一个图形来表示，和单词相对应。这样的表达系统非常容易理解，但是也有局限性——它无法表达抽象的概念，比如勇气、欺骗、恐惧等。这些象形文字后来被现代文字形式所替代。

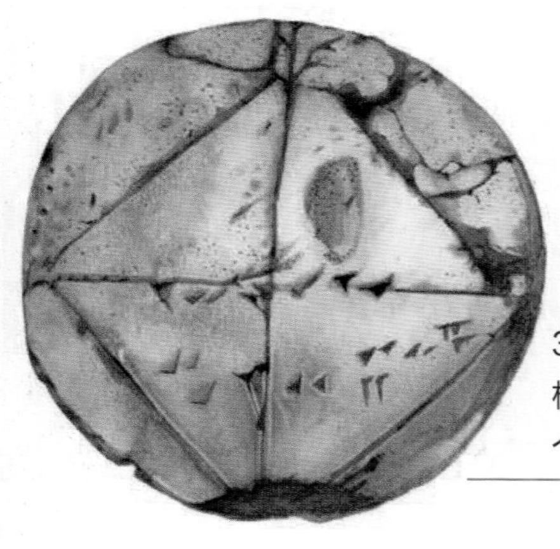

这块大约3500年前的泥板上绘制了一个几何问题。

上面写着楔形文字的泥板，通常用来记录交易的物品数量。这些文字是刻在软泥板上的，之后在炉子中烘烤，以便长久保存。

最早的硬币是由陶土制成的简单“号码牌”，后来被铜制的取代。

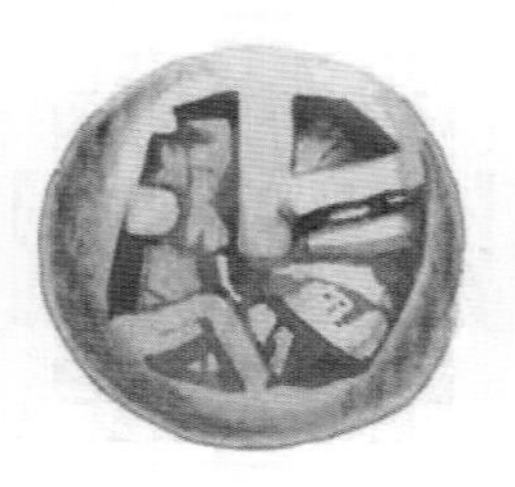

人类在不断寻求解决问题的办法时，有了分工，出现了不再从事体力劳动，而专门搞研究工作的人，例如研究天穹的天文学家。

地球不再是宇宙的中心

人类思想伟大的革命之一，发生在 500 多年前。根据他的理论，地球和其他行星是围绕着太阳转动的，而不是太阳绕着地球转动。哥白尼的“日心说”是人类迈向现代天文学的第一步。

从石头到金属

直到七八千年前，人类都在使用石头、木头、骨头和陶土来制造工具。随着岩石中矿物质的发现和铸造，更加坚固耐用的工具被人们打造出来。人类第一个使用的矿物是铜，接着是青铜（铜与锡的合金），最后是铁。

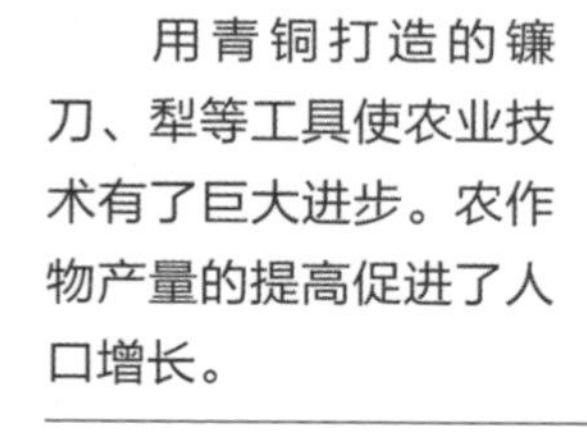

用青铜打造的镰刀、犁等工具使农业技术有了巨大进步。农作物产量的提高促进了人口增长。

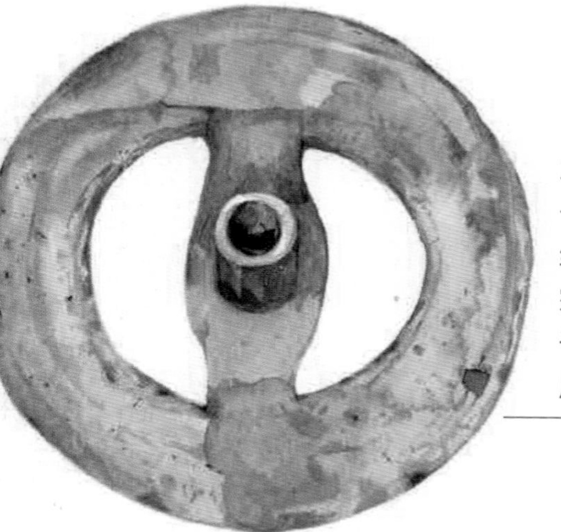

这个时期的伟大发明还包括轮子。轮子的诞生可以追溯到大约 3000 年前，最初它完全是木制的。之后轮子的表面加上了一层金属，就更加坚固了。

金属的应用

金属工具是在炉子中打造的，炉子的温度很高，这样才能熔化岩石中的矿物。熔化的金属矿物收集在坩埚里，交给熟练的匠人锻造。所以毫无疑问，像刀、斧头这样用金属打造的工具是非常珍贵的。

这种刀身弯曲的波斯刀有 1000 多年的历史，它是用来切割而不是刺穿的。

像这把罗马短剑一样的铁剑，大约在 3000 年前才出现，它比用其他金属打造的剑更耐用，杀伤力更强。

火药

在铁制武器流行开来后，火药和火器成为了战场上又一个重大革新。它的原理是将煤、硫、硝石（火药）混合后，通过爆炸性燃烧，将金属球以极快的速度推入铁管中，这个铁管就是火器的发射管。1000 多年前，中国人就发明了火药，但是火器的传播更晚一些，大约始于 17 世纪，那时火器已经变得更加轻便和实用。

火药装在小袋子中，通过发射管来装填弹药。

扣下扳机，一个用弹簧推动的金属元件就会产生火花，点燃火药，引发小范围的爆炸，从而将金属球推出去。

这是一支 17 世纪带有东方风格的装饰性猎枪，枪身用铁和木头制成，上面带有象牙装饰。

这根长杆用来将金属球压在铁管底部的火药上。

工业革命

工业革命之前，人类依靠人畜来搬运重物，当然，在水上会借用帆船。18 世纪末出现的蒸汽机，彻底改变了交通运输的驱动方式，火车和轮船能够运送大量货物和人群，蒸汽机还能在工厂中驱动各种机械设备。短短几十年，许多国家从农业、手工业体系，转变为以热能为基础的工业体系。

蒸汽机

水加热后产生蒸汽，通过活塞和阀门，蒸汽被压缩和释放，从而产生动力，再通过特殊连杆连接火车车轮或汽车引擎，最终形成驱动力。今天我们使用的许多发动机，从汽车的内燃机到飞机的喷气发动机，都属于热力发动机，它们是通过燃烧诸如汽油、柴油等燃料获得动力的。

医学成就

在过去的 200 年间，西方现代医学取得了非凡的成就。抗生素、对抗病原菌的物质和疫苗的应用，使得很多疾病可治愈、可预防，挽救了无数人的生命。

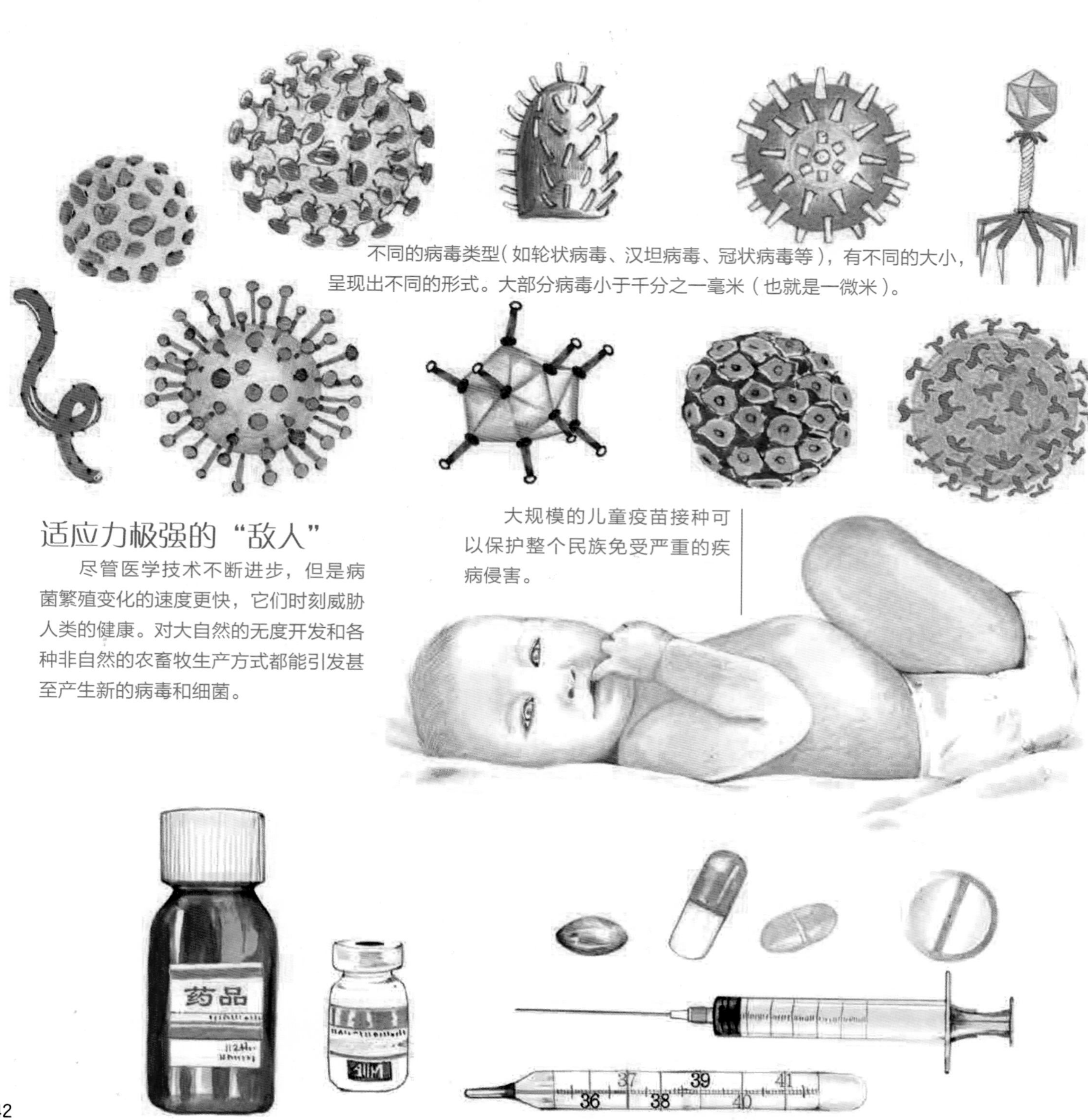

不同的病毒类型（如轮状病毒、汉坦病毒、冠状病毒等），有不同的大小，呈现出不同的形式。大部分病毒小于千分之一毫米（也就是一微米）。

适应力极强的“敌人”

尽管医学技术不断进步，但是病菌繁殖变化的速度更快，它们时刻威胁人类的健康。对大自然的无度开发和各种非自然的农畜牧生产方式都能引发甚至产生新的病毒和细菌。

大规模的儿童疫苗接种可以保护整个民族免受严重的疾病侵害。

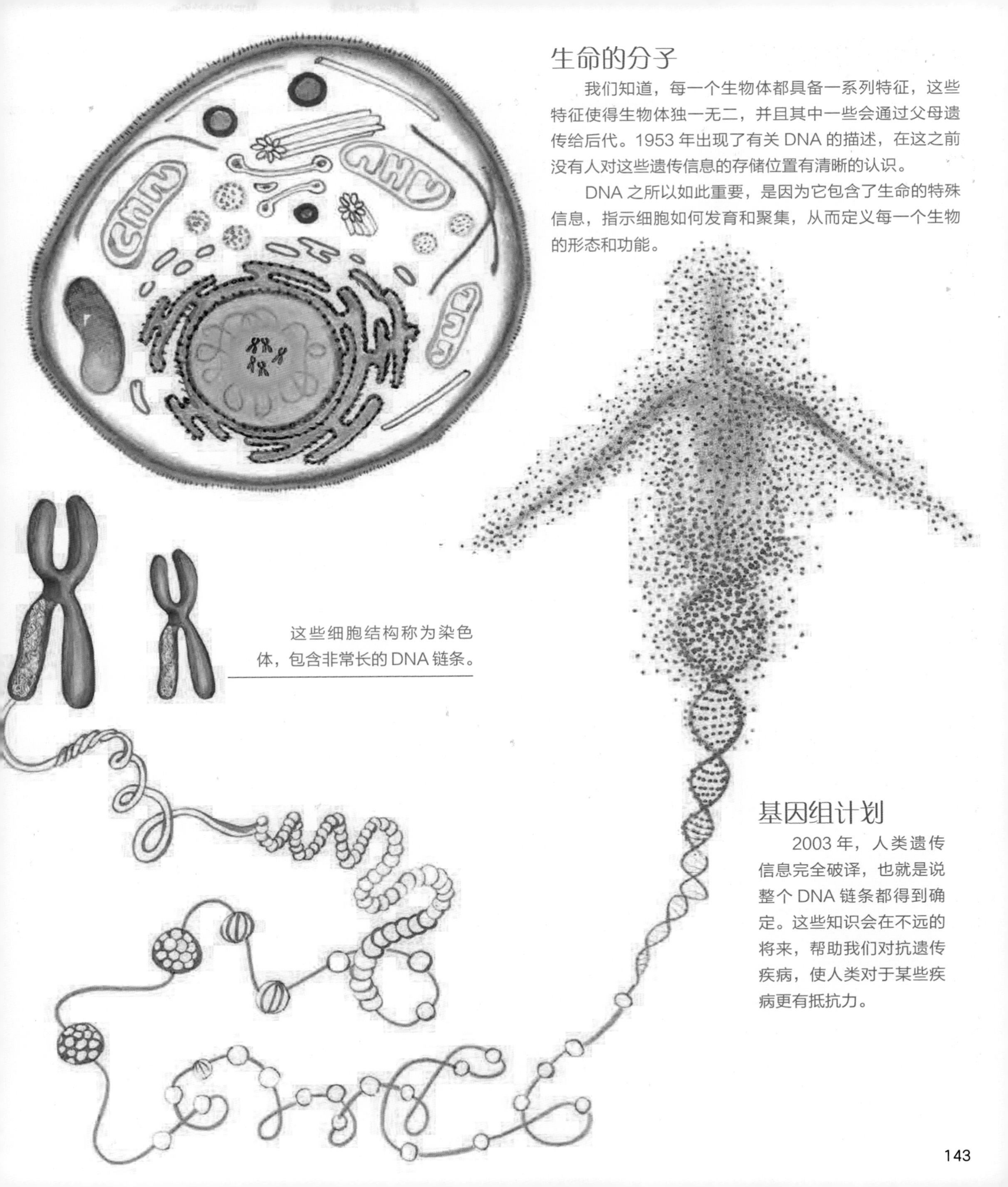

生命的分子

我们知道，每一个生物体都具备一系列特征，这些特征使得生物体独一无二，并且其中一些会通过父母遗传给后代。1953 年出现了有关 DNA 的描述，在这之前没有人对这些遗传信息的存储位置有清晰的认识。

DNA 之所以如此重要，是因为它包含了生命的特殊信息，指示细胞如何发育和聚集，从而定义每一个生物的形态和功能。

这些细胞结构称为染色体，包含非常长的 DNA 链条。

基因组计划

2003 年，人类遗传信息完全破译，也就是说整个 DNA 链条都得到确定。这些知识会在不远的将来，帮助我们对抗遗传疾病，使人类对于某些疾病更有抵抗力。

向天空进发

人类一直希望像小鸟一样飞翔，但要实现这个愿望，我们需要等待相当长的时间。直到 1903 年，莱特兄弟成功让一架由内燃机驱动的脆弱飞机飞上天空。

尽管机身很轻巧，但是保持在空中飞行而不坠落，发动机必须让飞机摆脱空气阻力，并能够朝各个方向快速移动。

莱特兄弟

第一次飞行激发了人们对飞上天空的极大热情和对发展航空技术的迫切需求。

计算机和网络

今天，我们已经习惯将计算机视为生活的一部分，但是计算机的发明还不到一百年。计算机是能够执行逻辑和数学运算，以及能够存储信息的电子工具，其存储数量高于人脑。计算机要发挥作用，必须要用特殊的代码和复杂的指令进行编程，这就是我们一直在用的软件和应用程序。

越来越快

第一批真正的计算机诞生于 20 世纪 40 年代，它们的运算能力远远低于今天的手机，体积也很庞大，相当于一幢小房子，重达数十吨。早期计算机中满是电子管和晶体管。从诞生至今，一方面，计算机的运算能力迅速增长，3 年增长 2~4 倍；另一方面，计算机的尺寸逐步缩小。第一批真正的家用电脑在 20 世纪 80 年代才出现，最近几十年才真正普及。

英国科学家艾伦·图灵是计算机开发领域的优秀人才。

互联网诞生源于 20 世纪美国的一项军事计划，这从根本上改变了人类交流和存储信息的方式。

所有计算机都使用 0 和 1 组成的二进制代码。通过将这两个数字和大量的算术运算及逻辑步骤结合在一起，计算机能够完成非常复杂的运算。这似乎是一个漫长的过程，但是如果机器能在一秒内完成数十亿次运算，那么一切就会变得非常快。

全球网络

由互相连接的多台计算机组成的网络，称为互联网。互联网能共享文档、程序、视频和图像等信息。如果网速够快，共享文件的过程只需不到 1 秒钟。

现在，有数百颗人造卫星环绕地球运行，它们的作用是勘测并将信息从星球一端传输到另一端。

登陆月球

1969 年，两名美国航天员从阿波罗 11 号上走下来，首次踏上了月球表面。就在他们登月前几年，也就是 1961 年，一位苏联航天员完成了人类首次进入太空的壮举，他乘坐东方一号太空船进入太空，又返回地球。

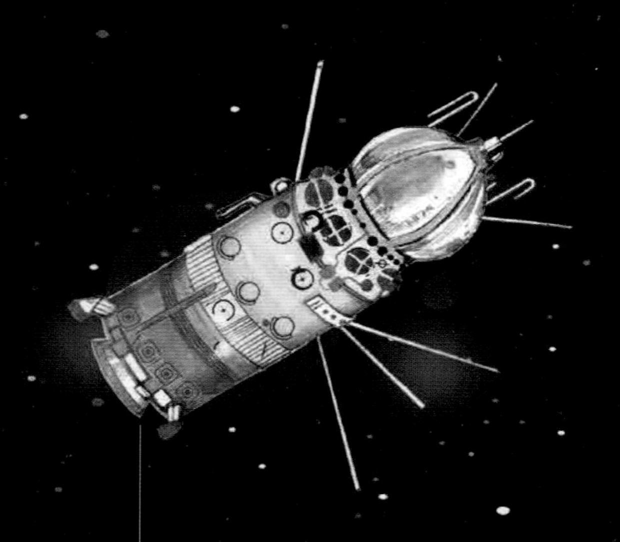

苏联东方一号飞船首次将人类送入太空。

这个登月舱让两名美国航天员安全地降落在月球表面。另一位机组成员则继续沿环月轨道飞行，等候接应他们。

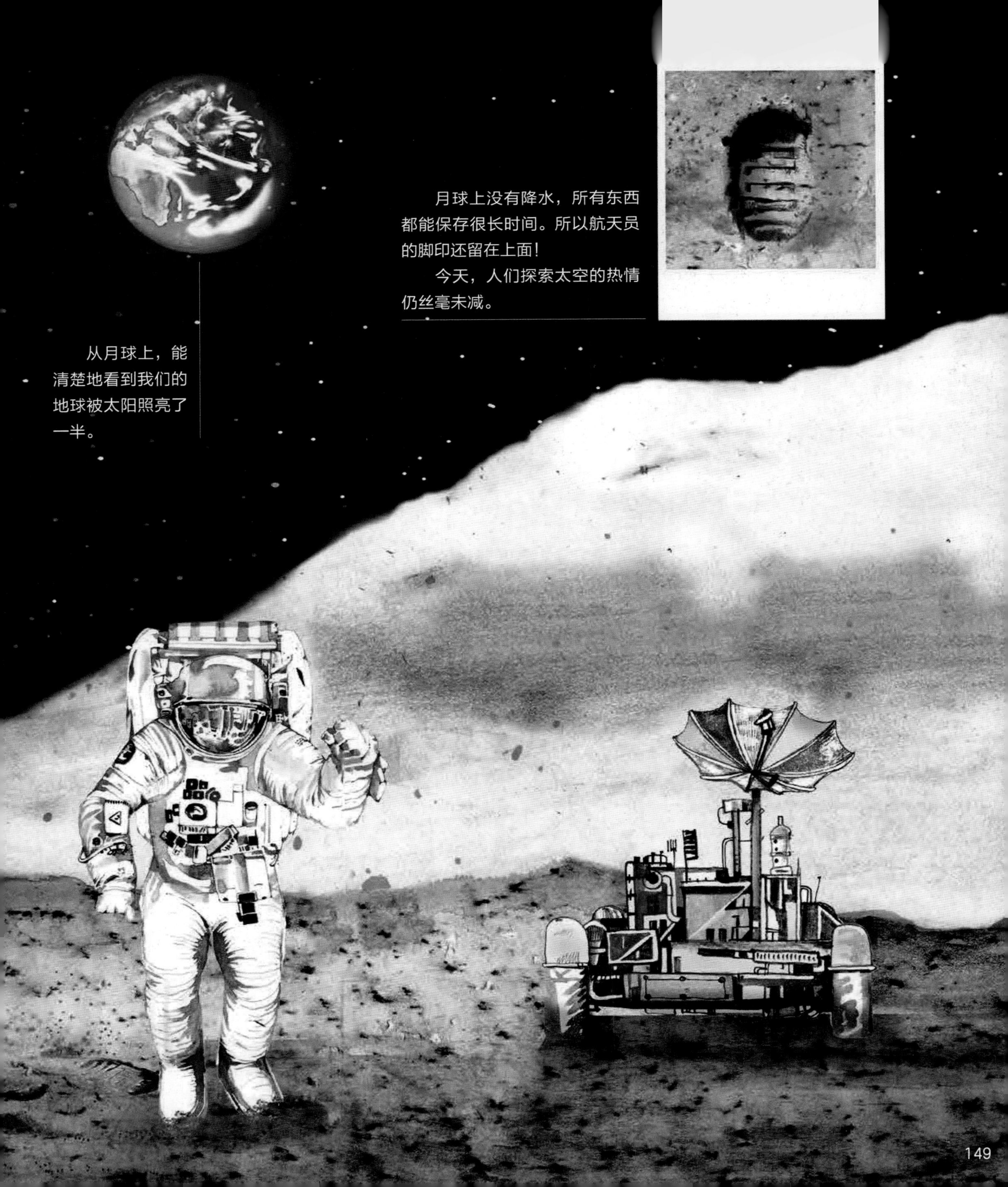

月球上没有降水，所有东西都能保存很长时间。所以航天员的脚印还留在上面！

今天，人们探索太空的热情仍丝毫未减。

从月球上，能清楚地看到我们的地球被太阳照亮了一半。

进军太空

现在，人类借助越来越复杂的手段多次进入太空。不同国家的航天员轮流进入国际空间站，这是一个环绕着地球运行的实验室。

太空穿梭机

自 20 世纪 80 年代以来，航天飞机已经将数百名航天员送入太空。航天飞机借助动力强大的火箭垂直发射，并且像普通飞机一样降落地面，返回地球。现在它已经被更经济的系统取代。

包含发动机和燃料的巨大圆柱形元件，每次发射完都要耗费掉，成本十分高昂。

航天飞机有一个巨大的货舱，能够运送卫星、探测器、空间站的配件和实验模块。

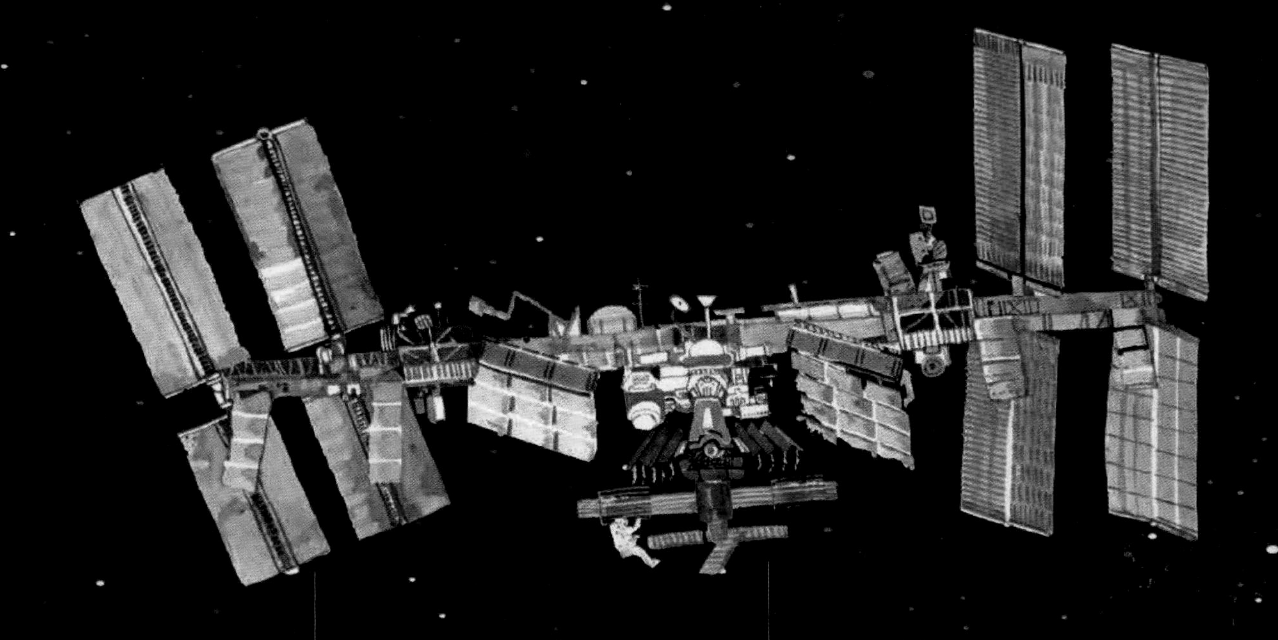

这些巨大的太阳能板可以提供能量，而补给品则是用专门的货舱从地球带来的。

2024 年国际空间站退役之后，中国建造的空间站将是太空唯一存在的空间站。

地球周围的实验室

国际空间站（简称 ISS）是 1998 年以来在一些国家的支持下逐步建立起来的。它是用于科学研究的太空基地，围绕着地球轨道运行。空间站是航天员在太空中做研究和实验的场所，但长时间的停留很有挑战性，因为一切活动都是在失重状态下进行的，这会使人体产生巨大的压力。

人类目前还不能登陆火星，只有探测器能到达这颗遥远的“红色行星”。

迈向未来

理解人类的进化过程十分困难，因为技术已经在我们生命中占据了很重要的地位，以致干预了自然选择。展望未来，即使最具远见的学者，也无法对人类的明天做出论断，但仍有可能在现实与科幻之间做出一些假设。

未来家庭

正如前文所述，从遗传学角度看，现代人类已经非常“融合”。在不远的将来，由于人类持续地从一个地方迁移到另一个地方，再加上通婚联姻等方式，“融合”情况会更加显著。单凭个人的面部轮廓和肤色，来判断出身会越来越难。另外，生物医学技术和人工智能，将会对我们的身体机能和面貌产生重要影响。

类人机器人将能够完成大量辅助人类的工作。

遭遇严重事故的人，可以使用生物力学零件代替四肢。

有些机器人会拥有已知动物的形态，尽管行为奇特，比如这只会跳的蜘蛛。